U0571893

数控机床技术基础
（第 2 版）

主　编　王晓忠　陈震乾　沈丁琦
副主编　王朝霞　刘　玲　赵春辉
参　编　钱春燕　秦以培　浦晨舫
　　　　支树贤　石阶安

北京理工大学出版社
BEIJING INSTITUTE OF TECHNOLOGY PRESS

内 容 提 要

本书共 6 个项目,以项目化的方式编写,借鉴德国先进的职业教育教学模式,以就业为导向,以能力为本位,全面介绍了数控机床的概述、数控编程技术基础、数控机床工作原理、数控机床系统、数控机床的结构与维护、柔性制造系统概述等内容。

本书可供工厂数控机床使用和维修人员阅读、参考,也可供相关专业教师与工程技术人员参考,还可作为高等工科院校,中、高等职业院校数控技术、机械制造、机电一体化、自动控制应用和数控维护专业及相关专业进行工程教学和工程训练的指导教材。

版权专有　侵权必究

图书在版编目(CIP)数据

数控机床技术基础 / 王晓忠,陈震乾,沈丁琦主编.

2 版 . -- 北京:北京理工大学出版社,2025.1.

ISBN 978-7-5763-4854-5

Ⅰ. TG659

中国国家版本馆 CIP 数据核字第 2025SE1794 号

责任编辑:高雪梅		文案编辑:高雪梅	
责任校对:周瑞红		责任印制:李志强	

出版发行 / 北京理工大学出版社有限责任公司

社　　址 / 北京市丰台区四合庄路 6 号

邮　　编 / 100070

电　　话 / (010)68914026(教材售后服务热线)

　　　　　　(010)63726648(课件资源服务热线)

网　　址 / http://www.bitpress.com.cn

版印次 / 2025 年 1 月第 2 版第 1 次印刷

印　　刷 / 河北鑫彩博图印刷有限公司

开　　本 / 787 mm × 1092 mm　1/16

印　　张 / 13

字　　数 / 305 千字

定　　价 / 76.00 元

图书出现印装质量问题,请拨打售后服务热线,负责调换

出 版 说 明

　　五年制高等职业教育（简称五年制高职）是指以初中毕业生为招生对象，融中高职于一体，实施五年贯通培养的专科层次职业教育，是现代职业教育体系的重要组成部分。

　　江苏是最早探索五年制高职教育的省份之一，江苏联合职业技术学院作为江苏五年制高职教育的办学主体，经过 20 年的探索与实践，在培养大批高素质技术技能人才的同时，在五年制高职教学标准体系建设及教材开发等方面积累了丰富的经验。"十三五"期间，江苏联合职业技术学院组织开发了 600 多种五年制高职专用教材，覆盖了 16 个专业大类，其中 178 种被认定为"十三五"国家规划教材，学院教材工作得到国家教材委员会办公室认可并以"江苏联合职业技术学院探索创新五年制高等职业教育教材建设"为题编发了《教材建设信息通报》（2021 年第 13 期）。

　　"十四五"期间，江苏联合职业技术学院将依据"十四五"教材建设规划进一步提升教材建设与管理的专业化、规范化和科学化水平。一方面将与全国五年制高职发展联盟成员单位共建共享教学资源，另一方面将与高等教育出版社、凤凰职业图书有限公司等多家出版社联合共建五年制高职教育教材研发基地，共同开发五年制高职专用教材。

　　本套"五年制高职专用教材"以习近平新时代中国特色社会主义思想为指导，落实立德树人的根本任务，坚持正确的政治方向和价值导向，弘扬社会主义核心价值观。教材依据教育部《职业院校教材管理办法》和江苏省教育厅《江苏省职业院校教材管理实施细则》等要求，注重系统性、科学性和先进性，突出实践性和适用性，体现职业教育类型特色。教材遵循长学制贯通培养的教育教学规律，坚持一体化设计，契合学生知识获得、技能习得的累积效应，结构严谨，内容科学，适合五年制高职学生使用。教材遵循五年制高职学生生理成长、心理成长、思想成长跨度大的特征，体例编排得当，针对性强，是为五年制高职教育量身打造的"五年制高职专用教材"。

江苏联合职业技术学院

教材建设与管理工作领导小组

前　言

本书由长期从事数控机床开发的研究人员、数控机床生产管理维护人员和数控技术应用教学管理人员共同编写完成。

随着我国提高国家制造业创新能力、强化工业基础能力、培养高质量的技能型人才这一发展战略的实施，数控技术在现代企业中大量应用，使制造业朝着数字化的方向迈进。同时，经济发展对高素质技能人才的需求不断上升，当前急需一大批能够熟练掌握数控系统维护保养基本知识和技能的高素质人才。

本书共分为6个项目，包括认识数控机床、认识数控编程技术基础、认识数控机床的工作原理、认识数控机床系统、认识数控机床的维护原理、认识柔性制造系统。为贯彻落实党的二十大精神和《习近平新时代中国特色社会主义思想进课程教材指南》文件要求，本书编写力求少而精，突出基本知识和基本技能的培养，条理清晰，便于学习，主要特色如下：

（1）教材培养目标、内容结构符合教育部及学院专业标准中制定的各课程人才培养目标及相关标准规范。

（2）教材力求简洁、实用，编写上兼顾现代职业教育的创新发展及传统理论体系，并使之完美结合。

（3）教材内容反映了工业发展的最新成果，所涉及的标准规范均为最新国家标准或行业规范。

（4）教材编写形式新颖，教材栏目设计合理，版式美观，图文并茂，体现了职业教育工学结合的教学改革精神。

（5）本书适合在实训现场教学。

本书可作为机电一体化、数控技术等专业通用教材，也可作为职业培训教材或相关技术人员的参考书。

本书由无锡立信高等职业技术学校王晓忠、陈震乾及无锡机电高等职业技术学校沈丁琦担任主编；无锡机电高等职业技术学校王朝霞、扬州高等职业技术学校刘玲、无锡立信高等职业技术学校赵春辉担任副主编，参加编写的还有常州市高级职业技术学校钱春燕，盐城市市区防洪工程管理处秦以培，无锡立信高等职业技术学校浦晨舫、支树贤、石阶安。全书由王晓忠统稿。在本书编写过程中，得到了无锡立信高等职业技术学校、无锡机电高等职业技术学校领导及发那科数控职业教育集团等企业的大力支持和帮助，编者在此致以衷心感谢！

由于编者学识和经验有限，书中难免有疏漏之处，敬请广大读者批评指正。

编　者

目 录

项目 1 认识数控机床

数控机床是一种装有程序控制系统的自动化机床，能够根据已编好的程序控制机床动作，并加工零件。该程序控制系统综合了机械、自动化、计算机、测量、微电子等最新技术，使用了多种传感器，最终控制机床的动作，按图纸要求的形状和尺寸，自动地加工零件。数控机床较好地解决了复杂、精密、小批量、多品种的零件加工问题，是一种柔性的、高效能的自动化机床，代表了现代机床控制技术的发展方向。本项目通过了解数控机床的发展、分类、工作原理及加工和应用来认识数控机床。

学习目标

知识目标：
1. 了解数控机床的产生与发展；
2. 了解数控机床的分类方法及种类；
3. 了解制造技术的概念、组成、特点和发展方向。

大国工匠案例一

能力目标：
1. 能够掌握数控机床的概念、组成及工作原理；
2. 能够掌握数控机床的加工和应用特点。

素养目标：
1. 加强企业主导的产学研深度融合，强化目标导向；
2. 坚持守正创新、坚持问题导向。

项目分析

通过对数控机床的产生与发展、数控机床的概念及组成、数控机床的种类与应用、数控机床加工的特点及应用场景的了解，掌握数控机床的特点，进一步认识数控机床。

内容概要

数控（Numerical Control，NC）技术是指用数字、文字和符号组成的指令来实现一台或多台机械设备动作控制的技术。数控一般采用通用或专用计算机来实现数字程序控制，因此，数控也称为计算机数控（Computer Numerical Control，CNC）。它所控制的通常是位置、角度、速度等机械量和与机械能量流向有关的开关量。为了更清楚地认识数控机床，本项目涉及的知识点如下：

1. 数控机床的产生与发展；
2. 数控机床的概念及组成；
3. 数控机床的种类与应用；
4. 数控机床加工的特点及应用。

 1.1　数控机床的产生与发展

随着社会生产和科学技术的不断进步，各类工业新产品层出不穷。机械制造产业作为国民工业的基础，其产品更是日趋精密复杂，特别是宇航、航海、军事等领域所需的机械零件，精度要求更高、形状更为复杂且往往批量较小，加工这类产品需要经常改装或调整设备，普通机床或专业化程度高的自动化机床显然无法适应这些要求。同时，随着市场竞争的日益加剧，生产企业也迫切需要进一步提高生产效率、提高产品质量及降低生产成本。在这种背景下，一种新型的生产设备——数控机床应运而生了，它综合应用了电子计算机、自动控制、伺服驱动、精密测量及新型机械结构等多方面的技术成果，形成了今后机械工业的基础，并指明了机械制造工业设备的发展方向。

1.1.1　数控机床的产生

数控机床的研制最早是从美国开始的。1948年，美国帕森斯公司（Parsons Co.）在完成研制加工直升机桨叶轮廓用检查样板的加工机床任务时，提出了研制数控机床的初步设想。1949年，在美国空军后勤部的支持下，帕森斯公司正式接受委托，与麻省理工学院伺服机构实验室（Servo Mechanism Laboratory of the Massachusetts Institute of Technology）合作，开始数控机床的研制工作。经过3年的研究，世界上第一台数控机床试验样机于1952年试制成功。这是一台采用脉冲乘法器原理的直线插补三坐标连续控制系统铣床，其数控系统全部采用电子管元件，其数控装置体积比机床本体还要大。后来经过3年的改进和自动编程研究，该机床于1955年进入试用阶段。此后，其他一些国家（如德国、英国、日本、苏联和瑞典等）也相继开展数控机床的研制开发和生产。1959年，美国克耐·杜列克公司（Keaney & Trecker）首次成功开发了加工中心（Machining Center），这是一台有自动换刀装置和回转工作台的数控机床，可以在一次装夹中对工件的多个平面进行多工序的加工。但是，直到20世纪50年代末，由于价格和其他因素的影响，数控机床仅限于航空、军事工业应用，品种也多为连续控制系统。直到20世纪60年代，由于晶体管的应用，数控系统得以进一步提高可靠性且价格下降，一些民用工业开始发展数控机床，其中多数为钻床、冲床等点定位控制的机床。数控技术不仅在机床上得到实际应用，而且逐步推广到焊接机、火焰切割机等，使数控技术应用范围不断地得到扩展。

1.1.2　数控机床的发展概况

数控机床的核心就是CNC系统（简称数控系统），从自动控制的角度看，数控系统就是一种轨迹控制系统，即其本质上是以多执行部件(各运动轴)的位移量为控制对象，并使其协调运动的自动控制系统，也是一种配有专用操作系统的计算机控制系统。

1.1.3　数控系统的发展史

自从 20 世纪 50 年代世界上第一台数控机床问世，至今经过了 2 个阶段和 6 代的发展历程。

第 1 阶段是硬件数控(NC)：第 1 代　1952 年电子管；

第 2 代　1959 年晶体管(分离元件)；

第 3 代　1965 年小规模集成电路。

第 2 阶段是计算机数控(CNC)：第 4 代　1970 年小型计算机，中小规模集成电路；

第 5 代　1974 年微处理器，大规模集成电路；

第 6 代　1990 年基于 PC(个人计算机，国内习惯称微机)。

1. 硬件数控(NC)阶段(1952—1970 年)

早期计算机的运算速度低，对当时的科学计算和数据处理影响还不大，也不能适应机床实时控制的要求。人们不得不采用数字逻辑电路"搭"成一台机床专用计算机作为数控系统，被称为硬件连接数控(HARD-WIRED NC)，简称为数控(NC)。随着元件的发展，这个阶段历经了 3 代，即 1952 年的第 1 代——电子管；1959 年的第 2 代——晶体管；1965 年的第 3 代——小规模集成电路。

(1)常见的电子管是真空式电子管，无论是二极、三极，还是更多电极的真空式电子管，它们都具有一个共同结构，就是由抽成接近真空的玻璃(或金属、陶瓷)外壳及封装在壳里的灯丝、阴极和阳极组成。直热式电子管的灯丝就是阴极，三极以上的多极管还有各种栅极。以电子管收音机为例，这种收音机普遍使用五六个电子管，输出功率只有 1 W 左右，而耗电要 40～50 W，功能也很有限，打开电源开关，要等 1 min 以上收音机才会慢慢发出声音。如果用于数控机床，可想而知其耗电量、控制速度。电子管实物如图 1-1 所示。

(2)晶体管是用来控制电路中电流的重要元件。1956 年，晶体管由贝尔实验室发明，并借此荣获诺贝尔物理学奖，创造了企业研发机构有史以来因技术发明而获诺贝尔奖的先例。晶体管的发明对今后的技术革命和创新具有重要的启示意义。晶体管的发明，终于使由玻璃封装的、易碎的真空式电子管有了替代物。与真空式电子管相同的是，晶体管能放大微弱的电子信号；不同的是，晶体管的价格低、耐久性好、耗能小，并且能够被制成足够小。

图 1-1　电子管实物

晶体管是现代科技史上重要的发明之一，究其原因有三个方面：第一，它取代了电子管，成为电子技术的最基本元件，原因是其性能好、体积小、可靠性强和寿命长；第二，它是微电子技术革命的发动者，信息时代至今的发展就是由微电子技术、光子技术和网络技术三次技术革命组成的，所以，它的出现成为报晓信息时代的使者；第三，晶体管是集成电路和芯片的组成单元，也是光电元件和集成光路的基本组成单元，更是网络技术的基础，而光电子晶体管是微电子晶体管的演变或发展。由于这三个方面的原因，晶体管的发明在信息科技的迅速发展中起了决定性的作用，它的意义远远超出了一种元件的发明范围，而成为揭开现代技术新领域和变革各种技术基础的关键。所以，晶体管发明过程中的突出特点，对于其他科技的产生和发展有重要的参考与启示意义。晶体管实物如图 1-2 所示。

图 1-2　晶体管实物

　　（3）小规模集成电路：晶体管诞生后，首先在电话设备和助听器中使用，逐渐地，它在任何有插座或电池的物品中都能发挥作用了。将微型晶体管蚀刻在硅片上制成的集成电路在 20 世纪 50 年代发展起来后，以芯片为主的计算机很快就进入了人们的办公室和家庭。

2. 计算机数控（CNC）阶段（1970 年至现在）

　　到 1970 年，通用小型计算机已出现并批量生产。于是它被移植过来作为数控系统的核心部件，从此进入计算机数控（CNC）阶段。

　　到 1971 年，美国 Intel（英特尔）公司在世界上第一次将计算机的两个最核心部件——运算器和控制器，采用大规模集成电路技术集成在一块芯片上，称为微处理器（Microprocessor），又可称为中央处理单元（Central Processing Unit，CPU）。

　　到 1974 年，微处理器被应用于数控系统。这是因为小型计算机虽然功能强大，控制一台机床能力有富余（故当时曾用于控制多台机床，称为群控），但不如采用微处理器经济合理，而且当时的小型计算机可靠性也不理想。早期的微处理器速度和功能虽还不够强，但可以通过多处理器结构来解决。由于微处理器是通用计算机的核心部件，故仍称为计算机数控。

　　到 1990 年，PC 的性能已发展到很强的阶段，可以满足作为数控系统核心部件的要求。数控系统从此进入基于 PC 的阶段。最常用的形式是 CNC 嵌入 PC 型，即在 PC 内部插入专用的 CNC 控制卡。

　　将计算机用于数控机床是数控机床史上的一个重要里程碑，因为它综合了现代计算机技术、自动控制技术、传感器技术及测量技术、机械制造技术等领域的最新成就，使机械加工技术达到了一个崭新的水平。随着科技的发展，晶体管的体积越来越小，已达到纳米级（1 nm 为 1 m 的 10 亿分之一）。纳米晶体管的出现，说明可以制造出更强劲的计算机芯片。现代微处理器包含上亿的晶体管。

CNC 与 NC 相比有许多优点，最重要的是：CNC 的许多功能是由软件实现的，可以通过软件的变化来满足被控机械设备的不同要求，从而实现数控功能的更改或扩展，为机床制造厂和数控用户带来了极大的方便。

基于 PC 的运动控制器，目前最流行的是 PMAC（Program Multiple Axises Controller）。PMAC 是美国 Delta Tau 公司生产制造的多轴运动控制卡。

PMAC Ⅰ型多轴运动控制卡（图 1-3、图 1-4）简介如下。

（1）总线：ISA、VME、PC104、PCI。

（2）电动机类型：交流伺服电动机、直流电动机（有刷、无刷、直线）、交流异步电动机、步进电动机。

（3）控制码：PMAC（类似 BASIC ASICII 命令）/G 代码（机床）/AutoCAD 转换。

（4）反馈：增量编码器（直线、旋转）、绝对编码器、旋转变压器等。

数控系统如图 1-5 所示。

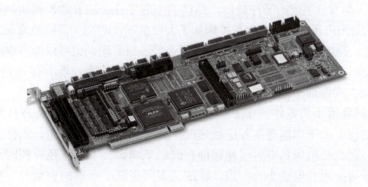

图 1-3　Delta Tau PMAC Ⅰ型多轴运动控制卡（PCI）

图 1-4　PMAC 运动控制卡（PC104）

图 1-5　数控系统

1.1.4　数控机床的发展趋势

从数控机床的技术水平看，高精度、高速度、高柔性、多功能和高自动化是数控机床的重要发展趋势。对单台主机不仅要求提高其精度和自动化程度，还要求具有更高层次的柔性制造系统和计算机集成系统的适应能力。我国国产数控设备的主轴转速已达 10 000～40 000 r/min，进给速度达到 30～60 m/min，换刀时间 $t<2.0$ s，表面粗糙度 $Ra<0.008\,\mu m$。

在数控系统方面，目前世界上几个著名的数控装置生产厂家，如日本的 FANUC 公司、德国的 Siemens 公司和美国的 A-B 公司，其产品都在向系列化、模块化、高性能和成套性方向发展。其数控系统都采用了 16 位和 32 位微处理器、标准总线及软件模块和硬件模块结构，内存容量扩大到了 1 MB 以上，机床分辨率可达 $0.1\,\mu m$，高速进给速度可达 100 m/min，控制轴数可达 16 个，并采用先进的电装工艺。

在驱动系统方面，交流驱动系统发展迅速。交流驱动已由模拟式向数字式方向发展，以运算放大器等模拟元件为主的控制器正被以微处理器为主的数字集成元件所取代，从而克服了零点漂移、温度漂移等弱点。

1.1.5　数控机床的应用特点和主要技术指标

不同类型的数控机床有着不同的用途，在选用数控机床之前应对其类型、规格、性能、特点、用途和应用范围有所了解，才能选择最适合加工零件的数控机床。

1. 应用范围

（1）多品种、小批量生产的零件或新产品试制中的零件。随着数控机床制造成本的逐步下降，现在无论是国内还是国外，数控机床加工大批量零件的情况都已经常见。加工很小批量和单件产品时，若想缩短程序的调试时间和工装的准备时间，也可以选用数控机床。

（2）形状复杂，加工精度要求高，制造精度高，对刀精确，能方便地进行尺寸补偿，通用机床无法加工或很难保证加工质量的零件。

（3）表面粗糙度值小的零件。在工件和刀具的材料、精加工余量及刀具角度一定的情况下，表面粗糙度取决于切削速度和进给速度。普通机床是恒定转速，工件直径不同，切削速度就不同，而数控机床具有恒线速切削功能，车端面、不同直径外圆时可以采用相同的线速度，保证表面粗糙度值小且一致。在加工表面粗糙度不同的表面时，粗糙度小的表面选用小的进给速度；粗糙度大的表面选用大一些的进给速度，可变性很好，这一点普通机床很难做到。

（4）轮廓形状复杂的零件。任意平面曲线都可以用直线或圆弧来逼近，数控机床具有圆弧插补功能，可以加工各种复杂轮廓的零件。

（5）具有难测量、难控制进给、难控制尺寸的不开敞内腔的壳体或盒型零件。

（6）必须在一次装夹中完成铣、镗、锪、铰或攻螺纹等多工序的零件。

（7）价格高，加工中不允许报废的关键零件。

（8）需要最短生产周期的急需零件。

（9）在通用机床加工时极易受人为因素（如情绪波动、体力强弱、技术水平高低等）干扰，零件价值又高，一旦质量失控会造成重大经济损失的零件。

2. 主要技术指标

数控机床的技术指标包括规格指标、精度指标、性能指标和可靠性指标。

（1）规格指标。规格指标是指数控机床的基本能力指标，主要有以下几个方面。

1）行程范围：坐标轴可控的运动区间，反映该机床允许的加工空间。通常情况，工件的轮廓尺寸应在加工空间的范围之内；个别情况，工件轮廓尺寸也可大于机床的加工范围，但其加工范围必须在加工空间范围之内。

2) 工作台面尺寸：反映该机床安装工件大小的最大范围，通常应选择比最大加工工件稍大一点的面积，这是因为要预留夹具所需的空间。

3) 承载能力：反映该机床能加工零件的最大质量。

4) 主轴功率和进给轴转矩：反映该机床的加工能力，同时，也可间接反映机床刚度和强度。

5) 控制轴数和联动轴数：数控机床控制轴数通常是指机床数控装置能够控制的进给轴数目。现在，有的数控机床生产厂家也认为，控制轴数包括所有的运动轴，即进给轴、主轴、刀库轴等。数控机床控制轴数和数控装置的运算处理能力、运算速度及内存容量等有关。联动轴数是指数控机床控制多个进给轴，使它们按零件轮廓规定的规律运动的进给轴数目，反映了数控机床实现曲面加工的能力。

(2) 精度指标。数控机床精度通常是指机床定位至程序目标点的精确程度，通常是机床空载情况下在数控轴上对多目标点进行多回合测量后通过数学统计计算出来的。数控机床的精度指标主要包括加工精度、定位精度、重复定位精度、移动精度和分度精度。

1) 加工精度：加工精度受到机床结构、装配精度、伺服系统性能、工艺参数及外界环境等因素的影响。

2) 定位精度：定位精度是指机床等移动部件的实际运动位置与指令位置的一致程度，其不一致的差值即定位误差。引起定位误差的因素包括伺服系统、检测系统、进给传动及导轨误差等。定位误差直接影响加工零件的尺寸精度。

3) 重复定位精度：重复定位精度是指在相同的操作方式和条件下，多次完成规定操作后得到结果的一致程度，一般是呈正态分布的偶然性误差，会影响批量加工零件的一致性。重复定位精度是一项非常重要的性能指标。一般数控机床的定位精度为 0.018 mm，重复定位精度为 0.008 mm。

4) 移动精度：移动精度主要是指分辨率和脉冲当量。

① 分辨率是指可以分辨的最小位移间隙。对测量系统而言，分辨率是可以测量的最小位移；对控制系统而言，分辨率是可以控制的最小位移增量。

② 脉冲当量是指数控装置每发出一个脉冲信号，机床位移部件所产生的位移量。

5) 分度精度：分度精度是指分度工作台在分度时，实际回转角度与指令回转角度的差值。分度精度既影响零件加工部位在空间的角度位置，也影响孔系加工的同轴度等。

(3) 性能指标。

1) 最高主轴转速和最大加速度：最高主轴转速是指主轴所能达到的最高转速，它是影响零件表面加工质量、生产效率及刀具寿命的重要因素之一，尤其是有色金属的精加工；最大加速度是反映主轴速度提速能力的性能指标，也是加工效率的重要指标。

2) 最高快移速度和最高进给速度：最高快移速度是指进给轴在非加工状态下的最高移动速度；最高进给速度是指进给轴在加工状态下的最高移动速度。它们是影响零件加工质量、生产效率及刀具寿命的主要因素，受数控装置的运算速度、机床动特性及工艺系统刚度等因素的限制。

3) 分辨率与脉冲当量：分辨率是指两个相邻的分散细节之间可以分辨的最小间隔。对测量系统而言，分辨率是可以测量的最小增量；对控制系统而言，分辨率是可以控制的最小位移增量，即数控装置每发出一个脉冲信号，反映到机床移动部件上的移动量，通常称为脉冲当量。脉冲当量是设计数控机床的原始数据之一，其数值的大小决定数控机床的加工精度和表面质量。脉冲当量越小，数控机床的加工精度和表面加工质量越高。

另外，还有换刀速度和工作台交换速度，它们同样也是影响生产效率及刀具寿命的主要因素。

（4）可靠性指标。

1）平均无故障工作时间（MTBF）：

$$MTBF = \frac{1}{N_0}\sum_{i=1}^{n} t_i = \sum_{i=1}^{n} t_i / \sum_{i=1}^{n} r_i$$

式中　N_0——在评定周期内机床累计故障频数；

　　　n——机床抽样台数；

　　　t_i——在评定周期内第 i 台机床实际工作时间（h）；

　　　r_i——在评定周期内第 i 台机床出现故障的频数。

2）平均修复时间（MTTR）：

$$MTTR = \frac{1}{N_0}\sum_{i=1}^{n} t_{mi}$$

式中　N_0——评定周期内的故障总次数；

　　　t_{mi}——在评定周期内第 i 台机床的实际修复时间。

3）固有可用度（A）：固有可用度又称为有效度（Availability），是在规定的使用条件下，机械设备及零部件保持其规定功能的概率。有效度是评价设备利用率的一项重要指标，也是直接制约设备生产能力的重要因素。其计算公式如下：

$$A = \frac{平均无故障工作时间}{平均无故障工作时间+平均修复时间} = \frac{MTBF}{MTBF+MTTR}$$

4）精度保持时间（T_k）：精度保持时间是数控机床在两班工作制和遵守使用规则的条件下，其精度保持在机床精度标准规定的范围内的时间。其观测值以抽取的样机中精度保持时间最短的一台机床的精度保持时间为准。

以上 4 个可靠性指标中，MTBF 侧重于数控机床的无故障性，是最常用的评定指标；MTTR 反映了数控机床的维修性，即进行维修的难易程度；固有可用度（A）综合反映无故障性和维修性，即有效性；精度保持时间（T_k）反映了数控机床的耐久性和可靠寿命。

1.2　数控机床的概念及组成

1.2.1　数控机床的概念

数控技术是 20 世纪中期发展起来的机床控制技术。数字控制是一种自动控制技术，是用数字化信号对机床的运动及其加工过程进行控制的一种方法。

数控机床（NC Machine）就是采用了数控技术的机床，或者说是装备了数控系统的机床。数控机床是一种综合应用计算机技术、自动控制技术、精密测量技术、通信技术和精密机械技术等先进技术的典型的机电一体化产品。

国际信息处理联盟（International Federation of Information Processing，IFIP）第五技术委员会对数控机床做了如下定义：数控机床是一种装有程序控制系统的机床，该系统能有逻辑地处理特定代码和其他符号编码指令规定的程序。

1.2.2 数控机床的组成

数控机床的种类很多，但任何一种数控机床都是由控制介质、数控系统、伺服系统、辅助控制系统和机床本体等若干基本部分组成的，如图 1-6 所示。

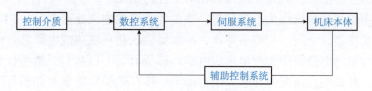

图 1-6 数控机床的组成

1. 控制介质

数控系统工作时，不需要操作工人直接操纵机床，但机床又必须执行人的意图，这就需要在人与机床之间建立某种联系，这种联系的中间媒介物称为控制介质。在控制介质上存储着加工零件所需要的全部操作信息和刀具相对工件的位移信息，因此，控制介质就是将零件加工信息传送到数控装置中的信息载体。控制介质有多种形式，它随着数控装置类型的不同而不同，常用的有穿孔纸带、穿孔卡、磁带、磁盘和 USB 接口介质等。控制介质上记载的加工信息要经过输入装置传送给数控装置。常用的输入装置有光电纸带输入机、磁带录音机、磁盘驱动器和 USB 接口等。

除上述几种控制介质外，还有一部分数控机床采用数码拨盘、数码插销或利用键盘直接输入程序和数据。另外，随着 CAD/CAM 技术的发展，有些数控设备利用 CAD/CAM 软件在其他计算机上编程，然后通过计算机与数控系统通信（如局域网），将程序和数据直接传送给数控装置。

2. 数控系统

数控系统是一种控制系统，是数控机床的中心环节。它能自动阅读输入载体上事先给定的数字，并将其译码，从而使机床进给并加工零件。数控系统通常由输入装置、控制器、运算器和输出装置 4 部分组成，如图 1-7 所示。

（1）输入装置接收由穿孔带、阅读机输出的代码，经识别与译码之后分别输入到各个相应的寄存器，这些指令与数据将作为控制与运算的原始数据。控制器接收输入装置的指令，根

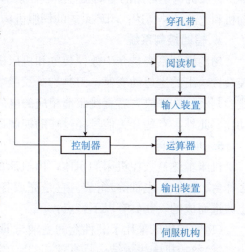

图 1-7 数控装置结构

据指令控制运算器与输出装置，以实现对机床的各种操作（如控制工作台沿某一坐标轴的运动、主轴变速和冷却液的开关等），以及控制整机的工作循环（如控制阅读机的启动或停止、控制运算器的运算和控制输出信号等）。

（2）运算器接收控制器的指令，将输入装置送来的数据进行某种运算，并不断向输出装置送出运算结果，使伺服系统执行所要求的运动。对于加工复杂零件的轮廓控制系统，运算器的重要功能是进行插补运算。所谓插补运算，就是将每个程序段输入的工件轮廓上的某起始点和终点的坐标数据送入运算器，经过运算之后在起点和终点之间进行"数据密化"，并按控制器的指令向输出装置送出计算结果。

（3）输出装置根据控制器的指令将运算器送来的计算结果输送到伺服机构，经过功率放大驱动相应的坐标轴，使机床完成刀具相对工件的运动。

目前均采用微型计算机作为数控装置。微型计算机的中央处理单元（CPU）又称微处理器，是一种大规模集成电路。它将运算器、控制器集成在一块集成电路芯片中。在微型计算机中，输入与输出电路采用大规模集成电路，即所谓的 I/O 接口。微型计算机拥有较大容量的寄存器，并采用高密度的存储介质，如半导体存储器和磁盘存储器等。存储器可分为只读存储器（ROM）和随机存取存储器（RAM）两种类型。前者用于存放系统的控制程序；后者用于存放系统运行时的工作参数或用户的零件加工程序。微型计算机数控装置的工作原理与上述硬件数控装置的工作原理相同，只是前者采用通用的硬件，不同的功能通过改变软件来实现，因此更为灵活与经济。

3. 伺服系统

伺服系统由伺服驱动电动机和伺服驱动装置组成，它是数控系统的执行部分。伺服系统接收数控系统的指令信息，并按照指令信息的要求带动机床本体的移动部件运动或使执行部件动作，以加工出符合要求的工件。指令信息是脉冲信息的体现，每个脉冲使机床移动部件产生的位移量叫作脉冲当量。在机械加工中，一般常用的脉冲当量为 0.01 mm/脉冲、0.005 mm/脉冲、0.001 mm/脉冲。目前所使用的数控系统脉冲当量一般为 0.001 mm/脉冲。

伺服系统是数控机床的关键部件，它的好坏直接影响数控加工的速度、位置、精度等。伺服机构中常用的驱动装置随数控系统的不同而不同。开环系统的伺服机构常用步进电动机和电液脉冲马达；闭环系统的伺服机构常用宽调速直流电动机和电液伺服驱动装置等。

4. 辅助控制系统

辅助控制系统是介于数控装置和机床机械、液压部件之间的强电控制装置。它接收数控装置输出的主运动变速、刀具选择交换、辅助装置动作等指令信号，经过必要的编译、逻辑判断、功率放大后直接驱动相应的电气、液压、气动和机械部件，以完成各种规定的动作。此外，有些开关信号经过辅助控制系统传输给数控装置进行处理。

5. 机床本体

机床本体是数控机床的主体，由机床的基础大件（如床身、底座）和各种运动部件（如工作台、床鞍、主轴等）组成。它是完成各种切削加工的机械部分，是在普通机床的基础上改进而成的。其具有以下特点：

（1）数控机床采用了高性能的主轴与伺服传动系统、机械传动装置。

（2）数控机床机械结构具有较高的刚度、阻尼精度和耐磨性。

（3）数控机床更多地采用了高效传动部件，如滚珠丝杠副、直线滚动导轨。

项目1 认识数控机床

与传统的手动机床相比，数控机床的外部造型、整体布局、传动系统与刀具系统的部件结构及操作机构等方面都发生了很多变化。这些变化的目的是满足数控机床的要求和充分发挥数控机床的特点，因此，必须建立数控机床设计的新概念。

1.2.3　数控机床的基本结构

数控机床一般由控制介质、输入/输出装置、CNC 装置(或称 CNC 单元)、伺服驱动系统、可编程序逻辑控制器(PLC)或电气控制装置、机床本体及反馈系统组成。

1. 控制介质

要对数控机床进行控制，就必须在人与数控机床之间建立某种联系，这种联系的中间媒介物就是控制介质，又称信息载体。在使用数控机床前，先要根据零件规定的尺寸、形状和技术条件，编写出工件的加工程序，按照规定的格式和代码记录在信息载体上。需要在数控机床上加工时，就将信息输入计算机控制装置。常用的控制介质有穿孔带、穿孔卡、磁带和磁盘等。

2. 输入/输出装置

手动数据输入键盘(MDI 键盘)、磁盘机等是数控机床的典型输入设备。另外，一般数控机床还配有串行通信接口，直接与计算机连接进行通信。

数控系统的输出装置一般配有显像管显示器或液晶显示器，显示的信息较丰富，并能显示图形。操作人员通过显示器获得必要的信息。

3. CNC 装置

CNC 装置是 CNC 系统的核心，主要包括微处理器、存储器、局部总线、外围逻辑电路，以及与 CNC 系统的其他组成部分联系的接口等。数控机床的 CNC 系统完全由软件处理数字信息，因而具有真正的柔性化，可处理逻辑电路难以处理的复杂信息，使数字控制系统的性能大大提高。

4. 伺服驱动系统

伺服驱动系统是 CNC 和机床本体的联系环节，它由伺服控制电路、功率放大电路和伺服电动机组成。其作用是将来自数控装置的指令信号转变成机床移动部件的运动。工作处理是伺服控制电路接收来自 CNC 装置的微弱指令信号，经过功率放大电路放大成控制驱动装置的大功率信号，然后由驱动装置将经放大的指令信号变为机械运动，使工作台精确定位或按规定的轨迹做严格的相对运动。伺服驱动系统是数控机床的重要组成部分。数控机床功能的强弱主要取决于 CNC 装置，而数控机床的加工精度和生产效率主要取决于伺服驱动系统的性能。

5. 可编程序逻辑控制器

可编程序逻辑控制器(Programmable Logic Controller，PLC)是一种以微处理器为基础的通用型自动控制装置，是专为在工业环境下应用而设计的。由于最初研制这种装置的目的是解决生产设备的逻辑及开关控制，故将它称为可编程序逻辑控制器。当 PLC 用于控制机床顺序动作时，也可称为编程机床控制器(Programmable Machine Controller，PMC)。

PLC 已成为数控机床不可缺少的控制装置。CNC 和 PLC 协调配合，共同完成对数控机床的控制。用于数控机床的 PLC 一般可分为两类：一类是 CNC 的生产厂家为实现数控机床的顺序控制，而将 CNC 和 PLC 综合起来设计，称为内装型(或集成)PLC，内装型

PLC 是 CNC 装置的一部分；另一类是以独立专业化的 PLC 生产厂家的产品来实现顺序控制功能，称为外装型（或独立型）PLC。

6. 机床本体

CNC 机床由于切削用量大、连续加工发热量大等对加工精度有一定影响。另外，数控机床在加工中是自动控制，不能像在普通机床上那样可以由人工进行调整、补偿，所以，其设计要求比普通机床更严格，制造要求更精密，采取了许多加强刚性、减小热变形、提高精度等方面的措施。

7. 反馈系统

反馈系统的作用是将机床的实际位置、速度参数等检测出来转换成电信号反馈到 CNC 装置中，从而使 CNC 装置能随时检测机床的实际位置、速度是否与指令要求一致，以控制机床向消除该误差的方向移动。按有无检测装置，CNC 系统可分为开环与闭环数控系统；而按测量装置的安装位置，又可分为闭环与半闭环数控系统。开环数控系统的控制精度取决于步进电动机和丝杠的精度；闭环数控系统的控制精度取决于检测装置的精度。因此，测量装置是高性能数控机床的重要组成部分。此外，由测量装置和显示环节构成的数显装置，可以在线显示机床移动部件的坐标值，大大提高了工作效率和工件的加工精度。

1.2.4　数控机床的工艺特点、主要功能

数控机床在机械制造业中担任着非常重要的角色，这是因为它具有以下特点。

1. 对加工对象改型适应性强

由于在数控机床上加工零件时，只需要重新编制程序就能实现对零件的加工，不需要制造和更换许多工具、量具、夹具，更不需要重新调整车床。因此，数控机床可以快速地从加工一种工件转变为加工另一种工件，这样，生产准备周期短，节省工艺装备费用，为单件或小批量生产及试制新产品提供了极大的便利。

2. 适合加工复杂形面的工件，加工质量稳定

数控机床的刀具运动轨迹是由加工程序决定的，因此只要编制出加工程序，无论多么复杂的形面工件，都能加工。对于同一批零件，由于都使用同一机床、程序与同类刀具，且刀具的运动轨迹完全相同，因此可以避免人为误差，这样就保证了工件加工质量的稳定性。

3. 加工精度高

数控机床是按以数字形式给出的指令进行加工的，由于目前数控装置的脉冲当量一般达到 0.001 mm，并且传动机构的反向间隙误差都能由数控装置进行补偿，因此数控车床能达到较高的加工精度。

4. 加工生产效率高

工件加工所需要的时间包括工件加工时间和辅助操作时间。数控机床能够有效地减少这两部分时间，主要在于以下几个方面。

（1）数控机床主轴转速和进给量的范围比普通机床的范围大，每一道工序都能选用合适的切削用量。

（2）良好的机床结构和刚性允许数控机床利用大切削用量的强力切削，有效地节省了切削时间。

（3）数控机床移动部件的快速移动和定位有很高的空行程运动速度，大大减少了快进、快退和定位时间。

（4）更换零件基本不需要重新调整数控车床，零件的安装和加工精度的稳定缩短了停机检验时间。

5. 减轻劳动强度、改善劳动条件

在输入程序并将准备辅助工作完成后，直接按循环启动按钮，会自动连续加工。在工件加工过程中，基本不需要操作者的干预，直到工件加工完毕，这样就大大改善了劳动条件，降低了劳动强度。

数控车削是数控加工中用得最多的加工方法之一。其工艺范围较普通车床宽很多。针对数控车床的特点，下列几种零件最适合数控车削加工。

（1）精度要求高的回转体零件。数控车床能加工对母线直线度、圆度、圆柱度等形状精度要求高的零件。对于圆弧及其他曲线轮廓，加工出的形状与图纸上所要求的几何形状的接近程度比用仿形车床要高得多，在有些场合可以以车代磨。

（2）表面粗糙度要求高的回转体零件。在普通车床上车削锥面和端面时，由于转速恒定不变，致使车削后的表面粗糙度不一致。数控车床具有恒线速度切削功能，加工出的工件表面粗糙度值小而均匀，因而可选用最佳线速度来切削锥面和端面。数控车削还适用于车削各部位表面粗糙度要求不同的零件。粗糙度值要求大的部位选用大的进给量，粗糙度值要求小的部位选用小的进给量。

（3）表面形状复杂或难以控制尺寸的回转体零件。由于数控车床具有直线和圆弧插补功能，部分车床还有某些非圆曲线插补功能，所以可以车削由任意直线和平面曲线组成的形状复杂的回转体零件。

（4）带有特殊螺纹的回转体零件。数控车床不但能车削任何等导程的直面螺纹、锥面螺纹和端面螺纹，而且能车削增导程、减导程及要求等导程与变导程之间平滑过渡的螺纹。数控车床通过采用硬质合金成型刀具和较高的转速，使车削出的螺纹精度高、表面粗糙度值小。

1.3　数控机床的种类与应用

当前数控机床的品种很多，结构、功能各不相同，通常可以按下述方法进行分类。

1.3.1　按机床运动轨迹进行分类

按机床运动轨迹不同，数控机床可分为点位控制数控机床、直线控制数控机床和轮廓控制数控机床。

1. 点位控制数控机床

点位控制（Positioning Control）又称为点到点控制（Point to Point Control）。刀具从某一位置向另一位置移动时，无论中间的移动轨迹如何，只要刀具最后能正确到达目标位置，就称为点位控制。

点位控制机床的特点是只控制移动部件由一个位置到另一个位置的精确定位，而对其运动过程中的轨迹没有严格要求，在移动和定位过程中不进行任何加工。因此，为了尽可能地减少移动部件的运动时间和定位时间，两相关点之间的移动先快速移动到接近新点位的位置，然后进行连续降速或分级降速，使之慢速趋近定位点，以保证其定位精度。点位控制加工示意如图1-8所示。

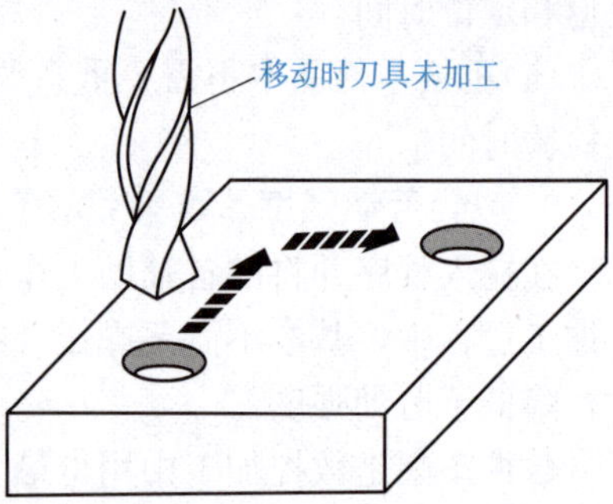

点位控制机床主要包括数控坐标镗床、数控钻床、数控点焊机和数控折弯机等。其相应的数控装置称为点位控制数控装置。

移动时刀具未加工

图1-8　点位控制加工示意

2. 直线控制数控机床

直线控制（Straight Cut Control）又称平行切削控制（Parallel Cut Control）。这类控制除控制点到点的准确位置外，还要保证两点之间移动的轨迹是一条直线，而且对移动的速度也有控制，因为这一类机床在两点之间移动时要进行切削加工。

直线控制数控机床的特点是刀具相对于工件的运动不仅要控制两相关点的准确位置（距离），还要控制两相关点之间移动的速度和轨迹，其轨迹一般由与各轴线平行的直线段组成。它与点位控制数控机床的区别在于当机床移动部件移动时，可以沿一个坐标轴的方向进行切削加工，而且其辅助功能比点位控制的数控机床多。直线控制加工示意如图1-9所示。

直线控制数控机床主要有数控坐标车床、数控磨床和数控镗铣床等。其相应的数控装置称为直线控制数控装置。

3. 轮廓控制数控机床

轮廓控制又称连续控制，大多数数控机床具有轮廓控制功能。轮廓控制数控机床的特点是能同时控制两个以上的轴联动，具有插补功能。它不仅要控制加工过程中的每一点的位置和刀具移动速度，还要加工出任意形状的曲线或曲面。轮廓控制加工示意如图1-10所示。

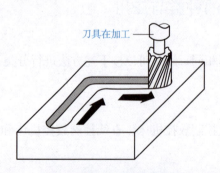

刀具在加工

图1-9　直线控制加工示意

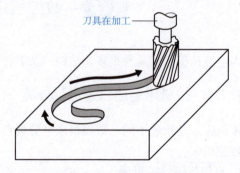

刀具在加工

图1-10　轮廓控制加工示意

属于轮廓控制数控机床的有数控坐标车床、数控铣床、加工中心等。其相应的数控装置称为轮廓控制装置。轮廓控制装置比点位控制装置、直线控制装置结构复杂得多，功能齐全得多。

1.3.2 按伺服系统类型进行分类

按伺服系统类型不同，数控机床可分为开环控制数控机床、闭环控制数控机床和半闭环控制数控机床。

1. 开环控制数控机床

开环控制(Open Loop Control)数控机床通常不带位置检测元件，伺服驱动元件一般为步进电动机。数控装置每发出一个进给脉冲后，脉冲便经过放大，并驱动步进电动机转动一个固定角度，再通过机械传动驱动工作台运动。开环伺服系统如图 1-11 所示。这种系统没有被控对象的反馈值，系统的精度完全取决于步进电动机的步距精度和机械传动的精度。其控制线路简单，调节方便，精度较低(一般可达±0.02 mm)，通常应用于小型或经济型数控机床。

图 1-11 开环伺服系统

2. 闭环控制数控机床

闭环控制(Closed Loop Control)数控机床通常带位置检测元件，随时可以检测出工作台的实际位移并反馈给数控装置，与设定的指令值进行比较后，利用其差值控制伺服电动机，直至差值为零。这类机床一般采用直流伺服电动机或交流伺服电动机驱动。位置检测元件一般为直线光栅、磁栅、同步感应器等。闭环伺服系统如图 1-12 所示。

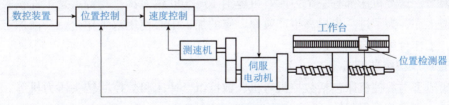

图 1-12 闭环伺服系统

由闭环伺服系统的工作原理可以看出，系统精度主要取决于位置检测装置的精度。从理论上讲，它完全可以消除由于传动部件制造中存在的误差给工件加工带来的影响，所以，这种系统可以得到很高的加工精度。闭环伺服系统的设计和调整都有很大的难度，直线位移检测元件的价格比较高，主要用于一些精度要求较高的镗铣床、超精车床和加工中心。

3. 半闭环控制数控机床

半闭环控制(Semi-Closed Loop Control)数控机床通常将位置检测元件安装在伺服电动机的轴上或滚珠丝杠的端部，不直接反馈机床的位移量，而是检测伺服系统的转角，将此信号反馈给数控装置进行指令比较，用差值控制伺服电动机。半闭环伺服系统如图 1-13 所示。

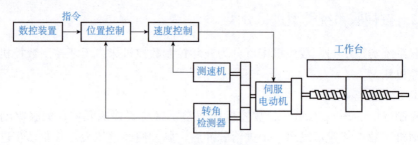

图1-13 半闭环伺服系统

因为半闭环伺服系统的反馈信号取自电动机轴的回转，所以系统中的机械传动装置处于反馈回路之外，其刚度、间歇等非线性因素对系统稳定性没有影响，调试方便。同样，机床的定位精度主要取决于机械传动装置的精度，但是现在的数控装置均有螺距误差补偿和间歇补偿功能，不需要将传动装置各种零件的精度提得很高，通过补偿就能将精度提高到绝大多数用户能接受的程度。再加上直线位移检测装置比角位移检测装置价格高得多，因此，除对定位精度要求特别高或行程特别长，不能采用滚珠丝杠的大型机床外，绝大多数数控机床采用半闭环伺服系统。

1.3.3 按工艺用途进行分类

按工艺用途不同，数控机床可分为金属切削类数控机床、金属成型类数控机床、数控特种加工机床和其他类型的数控机床。

1. 金属切削类数控机床

金属切削类数控机床包括数控车床、数控钻床、数控铣床、数控磨床、数控镗床及加工中心。金属切削类数控机床发展最早，目前种类繁多，功能差异也较大。加工中心能实现自动换刀。这类机床都有一个刀库，可容纳10～100把刀具。其特点是工件一次装夹可完成多道工序。为了进一步提高生产效率，有的加工中心使用双工作台，一面加工，另一面装卸，工作台可以自动交换。

2. 金属成型类数控机床

金属成型类数控机床包括数控折弯机、数控组合冲床和数控回转头压力机等。这类机床起步晚，但目前发展很快。

3. 数控特种加工机床

数控特种加工机床有线切割机床、数控电火花加工机床、火焰切割机和数控激光机切割机床等。

4. 其他类型的数控机床

其他类型的数控机床有数控三坐标测量机床等。

1.3.4 按数控系统功能水平进行分类

按数控系统的主要技术参数、功能指标和关键部件的功能水平不同，数控机床可分为低、中、高3个档次。国内还可分为全功能数控机床、普及型数控机床和经济型数控机床。这些分类方法划分的界线是相对的，不同时期的划分标准有所不同，大体有以下几个方面。

1. 控制系统 CPU 的档次

低档数控系统一般采用 8 位 CPU，中、高档数控系统采用 16 位或 64 位 CPU，现在有些 CNC 装置已采用 64 位 CPU。

2. 分辨率和进给速度

分辨率为位移检测装置所能检测到的最小位移单位，分辨率越小，则检测精度越高。它取决于检测装置的类型和制造精度。一般认为，分辨率为 10 μm、进给速度为 8～10 m/min 是低档数控机床；分辨率为 1 μm、进给速度为 10～20 m/min 是中档数控机床；分辨率为 0.1 μm、进给速度为 15～20 m/min 是高档数控机床。通常，分辨率应比机床所要求的加工精度高一个数量级。

3. 伺服系统类型

一般采用开环、步进电动机进给系统的为低档数控机床；中、高档数控机床采用半闭环或闭环的直流伺服系统或交流伺服系统。

4. 联动轴数

数控机床联动轴数也是常用区分机床档次的一个标志。按同时控制的联动轴数，数控机床可分为 2 轴联动、3 轴联动、2.5 轴联动(任一时刻 3 轴中只能实现 2 轴联动，另一轴则是点位或直线控制)、4 轴联动、5 轴联动等。低档数控机床的联动轴数一般不超过 2 轴；中、高档数控机床的联动轴数为 3～5 轴。

5. 通信功能

低档数控系统一般无通信能力；中档数控系统可以有 RS-232C 或直接数控(Direct Numerical Control，DNC)接口；高档数控系统还可以有制造自动化协议(Manufacturing Automation Protocol，MAP)通信接口，具有联网功能。

6. 显示功能

低档数控系统一般只有简单的数码管显示或单色 CRT 字符显示；中档数控系统则有较齐全的 CRT 显示，不仅有字符，而且有二维图形、人机对话、状态和自诊断等功能；高档数控系统还可以有三维图形显示、图形编辑等功能。

1.3.5 按所用数控装置的构成方式进行分类

按所用数控装置的构成方式不同，数控系统可分为硬线数控系统和软线数控系统。

1. 硬线数控系统

硬线数控系统使用硬线数控装置，它的输入处理、插补运算和控制功能都由专用的固定组合逻辑电路来实现，不同功能的机床，其组合逻辑电路也不同。改变或增减控制、运算功能时，需要改变数控装置的硬件电路。因此，该系统通用性和灵活性差，制造周期长，成本高。20 世纪 70 年代初期以前的数控机床基本属于这种类型。

2. 软线数控系统

软线数控系统也称计算机数控系统，它使用软线数控装置。这种数控装置的硬件电路由小型或微型计算机再加上通用或专用的大规模集成电路制成，数控机床的主要功能由系统软件来实现，所以，不同功能的数控机床，其系统软件也不同，而修改或增减系统功能时，也不需要改动硬件电路，只需要改变系统软件。因此，该系统具有较高的灵活性，同时，由于硬件电路基本是通用的，这就有利于大量生产、提高质量和可靠性、缩短制造周期和降低成本。20世纪70年代中期以后，随着微电子技术的发展和微型计算机的出现，以及集成电路的集成度不断提高，计算机数控系统才得到不断发展和提高，目前绝大多数的数控机床采用软线数控系统。

1.4　数控机床加工的特点及应用

1.4.1　数控机床加工的特点

与普通机床相比，数控机床是一种机电一体化的高效自动机床。它具有以下加工特点。

1. 广泛的适应性和较高的灵活性

数控机床更换加工对象，只需要重新编制和输入加工程序即可实现加工；在某些情况下，甚至只要修改程序中部分程序段或利用某些特殊指令就可实现加工（例如，利用缩放功能指令就可实现加工形状相同、尺寸不同的零件）。这为单件、小批量、多品种生产，产品改型和新产品试制提供了极大的方便，大大缩短了生产准备及试制周期。

2. 加工精度高，质量稳定

由于数控机床采用了数字伺服系统，数控装置每输出一个脉冲，通过伺服执行机构使机床产生相应的位移量（称为脉冲当量），可达 $0.1 \sim 1\ \mu m$；机床传动丝杠采用间歇补偿，螺距误差及其传动误差可由闭环系统加以控制，因此，数控机床能达到较高的加工精度。例如，普通精度加工中心，定位精度一般可达到每 300 mm 长度误差不超过 $\pm(0.005 \sim 0.008)$ mm，重复精度可达到 0.001 mm。另外，数控机床结构刚性和热稳定性都较好，制造精度能得到保证；其自动加工方式避免了操作者的人为操作误差，加工质量稳定，合格率高，同批加工的零件几何尺寸一致性好。数控机床能实现多轴联动，可以加工普通机床很难加工甚至不可能加工的复杂曲面。

3. 加工生产率高

在数控机床上可选择最有利的加工参数，实现多道工序连续加工；也可实现多机看管。由于采用了加速、减速措施，使机床移动部件能快速移动和定位，大大节省可加工过程中的空程时间。

4. 可获得良好的经济效率

虽然数控机床分摊到每个零件上的设备费（包括折旧费、维修费、动力消耗费等）较高，但生产效率高，单件、小批量生产时节省辅助时间（如画线、机床调整、加工检验等），降低直接生产费用。数控机床加工精度稳定，减少废品率，使生产成本进一步降低。

1.4.2　数控机床的应用

数控机床是一种高度自动化的机床，有普通机床所不具备的许多优点，所以，数控机床的应用范围在不断扩大，但数控机床初期投资比较大，技术含量高，使用和维修都有一定难度，若从最经济的方面出发，数控机床适用于加工具有以下特点的零件。

(1)多品种、批量生产的零件。

(2)精度要求高的零件。

(3)表面粗糙度值小的零件。

(4)轮廓形状复杂的零件。

由此可见，数控机床和普通机床都有各自的应用范围，从图1-14可以看出数控机床的使用范围很广。

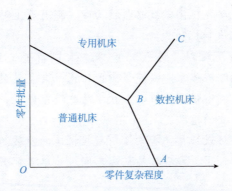

图 1-14　各种机床的适用范围

1.5　参观校内实训工厂

活动　学校教学场地参观

读一读：

2018年10月22日，习近平总书记在考察横琴新区粤澳合作中医药科技产业园时发表的讲话中提到，制造业的核心就是创新，就是掌握关键核心技术，必须靠自力更生奋斗，靠自主创新争取，希望所有企业都朝着这个方向去奋斗。

2020年10月29日，习近平总书记在党的十九届五中全会第二次全体会议上提到，要加快科技自立自强。这是确保国内大循环畅通、塑造我国在国际大循环中新优势的关键。要增强责任感和危机感，丢掉幻想，正视现实，打好关键核心技术攻坚战，加快攻克重要领域"卡脖子"技术。要充分激发人才创新活力，全方位培养、引进、用好人才，造就更多国际一流的科技领军人才和创新团队，培养具有国际竞争力的青年科技人才后备军。要为科学家和留学生回国从事研究开发、学习、工作和生活提供良好环境与服务保障，让他们人尽其才、才尽其用、为国效力。

当今世界正经历百年未有之大变局，这样的大变局不是一时一事、一域一国之变，是世界之变、时代之变、历史之变。能否应对好这一大变局，关键要看我们是否有识变之智、应变之方、求变之勇。古人讲："谋先事则昌，事先谋则亡。"要强化战略思维，保持战略定力，把谋事和谋势、谋当下和谋未来统一起来，因应情势发展变化，及时调整战略策略，加强对中远期的战略谋划，牢牢掌握战略主动权。科学把握面临的战略机遇和风险挑战，因势而谋、顺势而为，才能掌握主动、赢得未来。

制造业是实体经济的中坚力量，而制造业发展的根本就是创新。党的十九届五中全会提出，坚持创新在我国现代化建设全局中的核心地位，把科技自立自强作为国家发展的战略支撑，面向世界科技前沿、面向经济主战场、面向国家重大需求、面向人民生命健康，深入实施科教兴国战略、人才强国战略、创新驱动发展战略，完善国家创新体系，加快建设科技强国。要强化国家战略科技力量，提升企业技术创新能力，激发人才创新活力，完善科技创新体制机制。

党的十九届五中全会还提到，到 2035 年基本实现新型工业化、信息化、城镇化、农业现代化，建成现代化经济体系。在建设中国特色社会主义的新时代，坚持走中国特色新型工业化道路，加快制造强国建设，加快发展先进制造业，对于实现中华民族伟大复兴的中国梦具有特别重要的意义。

看一看：通过查找网络或书籍，搜索了解数控机床的发展趋势及前景。

做一做：在教师的带领下，参观数控机床车间，简单了解数控机床的主要组成部分和功能展示（图 1-15）。

图 1-15　数控机床车间展示

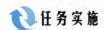

任务工单

姓名		班级		日期	

任务描述：

图 1-16 所示为无锡某公司数控机床加工中心，型号为 GROB G700，通过查阅资料完成以下任务要求。

图 1-16　无锡某公司数控机床加工中心

任务要求：1. 数控机床的分类方法及种类有哪些？

2. 制造技术的概念、组成、特点和发展方向分别是什么？

3. GROB 主要有哪些型号的数控加工中心？

4. GROB G700 加工中心的主要组成部分有哪些？

5. GROB G700 加工中心的工作过程主要分为几部分？

6. GROB G700 加工中心可以应用在哪些工业领域？

任务分组：

任务计划：

任务实施：

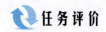 任务评价

项目	内容	配分	评分要求	得分
认识数控机床	知识目标（40分）	10	数控机床的分类方法，少一种扣 5 分，扣完为止	
		10	数控机床的种类，少一种扣 5 分，扣完为止	
		20	制造技术的概念、组成、特点和发展方向，错一题扣 5 分，扣完为止	
	技能目标（45分）	10	GROB 数控加工中心的主要型号，不正确一处扣 5 分，扣完为止	
		10	GROB G700 加工中心的主要组成部分，不正确一处扣 5 分，扣完为止	
		15	GROB G700 加工中心的工作过程，不正确一处扣 5 分，扣完为止	
		10	GROB G700 加工中心的工业应用领域，不正确一处扣 5 分，扣完为止	
	职业素养、职业规范与安全操作（15分）	5	未穿工作服，扣 5 分	
		5	违规操作或操作不当，损坏工具，扣 5 分	
		5	工作台表面遗留工具、零件，操作结束工具未能整齐摆放，扣 5 分	
总分				

思考与练习

1. 简述我国数控机床的产生及发展过程。
2. 简述我国数控技术的发展过程及数控加工的发展趋势。
3. 数控机床由哪些部分组成？各部分的作用是什么？
4. 简述常用数控机床的种类。
5. 简述数控机床的加工特点。
6. 简述开放式数控系统（定义、特点、国内外发展现状）。
7. 近年来逐步被应用的先进制造技术包括哪些？各种技术有何特点？

项目 2　认识数控编程技术基础

项目引入

数控编程是数控加工准备阶段的主要内容之一，通常包括分析零件图样，确定加工工艺过程；计算走刀轨迹，得出刀位数据；编写数控加工程序；制作控制介质；校对程序及首件试切。数控编程有手工编程和自动编程两种方法。总之，它是从零件图纸到获得数控加工程序的全过程。

学习目标

大国工匠案例二

知识目标：

1. 理解数控编程的基本概念；
2. 掌握数控程序编制的内容及步骤；
3. 了解数控编程的方法及特点；
4. 熟悉常用 G、M、F、S、T 指令的格式及应用；
5. 了解数控加工的相关工艺知识。

能力目标：

1. 能够对简单零件图纸选择正确的指令；
2. 能够建立程序，并读懂常用简单程序。

素养目标：

1. 通过学习，培养精益求精的工匠精神；
2. 通过小组分工合作，培养协作精神。

项目分析

本项目通过对零件图纸分析、工艺处理、数学处理、程序编制、控制介质制备、程序校验和试切削等步骤的学习，掌握数控加工技术。

内容概要

数控编程（NC Programming）就是生成用数控机床进行零件加工的数控程序的过程。数控程序由一系列程序段组成，即把零件的加工过程、切削用量、位移数据及各种辅助操作，按机床的操作和运动顺序，用机床规定的指令及程序格式排列而成的一个有序指令集。为了更清楚地认识数控编程技术，本项目涉及的知识点如下：

(1)数控编程的基本概念；

(2)常用功能指令及编程方法；

(3)数控加工工艺基础；

(4)数控编程中的数值计算；

(5)固定循环指令及其应用。

数控机床坐标系一

2.1　数控编程的基本概念

2.1.1　数控编程的概念

数控编程就是生成用数控机床进行零件加工的数控程序的过程。数控程序是由一系列程序段组成的，即把零件的加工过程、切削用量、位移数据及各种辅助操作，按机床的操作和运动顺序，用机床规定的指令及程序格式排列而成的一个有序指令集。

例如：N01 G00 X30 Y40。

该程序段表示一个操作：命令机床以设定的快速运动速度，以直线方式移动到 $X=30$ mm，$Y=40$ mm 处。其中，N01 是程序段的行号；G00 表示机床快速定位。

零件加工程序的编制（数控编程）是实现数控加工的重要环节，特别是对于复杂零件的加工，其编程工作的重要性甚至超过数控机床本身。此外，在现代生产中，产品形状及质量信息往往需要通过坐标测量机或直接在数控机床上测量来得到，测量运动指令也依赖数控编程来产生。因此，数控编程对于产品质量控制也有着重要的作用。

2.1.2　手工编程与自动编程

数控系统的种类繁多，它们使用的数控程序语言规则和格式也不尽相同。本书以 ISO 国际标准为主来介绍加工程序的编制方法。当针对某一台数控机床编制加工程序时，应该严格按机床编程手册中的规定进行。

在编制数控加工程序前，应首先了解：数控程序编制的主要工作内容，程序编制的工作步骤，每一步应遵循的工作原则等，最终才能获得满足要求的数控程序。

数控程序编制的内容及步骤如图 2-1 所示。

总之，数控程序是从零件图纸到获得数控加工程序的全过程，有手工编程和自动编程两种方法。

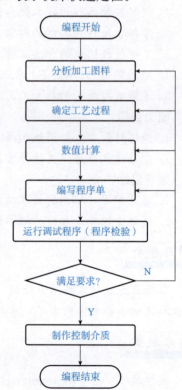

图 2-1　数控程序编制的内容及步骤

1. 手工编程

手工编程是指主要由人工来完成数控编程中各个阶段的工作，如图 2-2 所示。

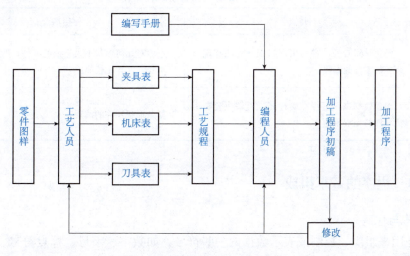

图 2-2 手工编程

一般对几何形状不太复杂的零件，所需要的加工程序不长，计算比较简单，用手工编程比较合适。

手工编程的特点是耗费时间较长，容易出现错误，无法实现复杂形状零件的编程。

据国外资料统计，当采用手工编程时，一段程序的编写时间与其在机床上运行加工的实际时间之比，平均约为 30∶1，而数控机床不能开动的原因中有 20%～30% 是加工程序编制困难，编程时间较长。

2. 自动编程

自动编程是指在编程过程中，除分析加工图样和确定工艺过程由人工进行外，其余工作均由计算机辅助完成。

采用计算机自动编程时，数学处理、编写程序、检验程序等工作是由计算机自动完成的，由于计算机可自动绘制出刀具中心运动轨迹，编程人员可及时检查程序是否正确，需要时可及时修改，以获得正确的程序。又由于计算机自动编程代替程序编制人员完成了烦琐的数值计算，可提高编程效率几十倍乃至上百倍，因此解决了手工编程无法解决的许多复杂零件的编程难题。因而，自动编程的特点就在于编程工作效率高，可解决复杂形状零件的编程难题。

根据输入方式的不同，自动编程可分为图形数控自动编程、语言数控自动编程和语音数控自动编程等。图形数控自动编程是指将零件的图形信息直接输入计算机，通过自动编程软件的处理，得到数控加工程序。目前，图形数控自动编程是使用最为广泛的自动编程方式。语言数控自动编程是指将加工零件的几何尺寸、工艺要求、切削参数及辅助信息等用数控语言编写成源程序后，输入计算机，再由计算机进一步处理得到零件加工程序。语音数控自动编程是采用语音识别器，将编程人员发出的加工指令声音转变为加工程序。

数控机床坐标系二

手工编程和自动编程比较见表 2-1。

表 2-1   手工编程和自动编程比较

编程方法	特点	使用场合
手工编程	耗费时间较长，容易出现错误，无法实现复杂形状零件的编程	一般对几何形状不太复杂的零件，所需的加工程序不长，计算比较简单
自动编程	编程效率高，编程准确性高，可解决复杂形状零件的编程难题	复杂形状零件的编程

2.1.3   程序的基本组成

1. 字符与代码

字符是用来组织、控制或表示数据的一些符号，如数字、字母、标点符号、数学运算符号等。数控系统只能接受二进制信息，所以必须把字符转换成 8 bit 信息组合成的字节，用"0"和"1"组合的代码来表达。国际上广泛采用以下两种标准代码：

（1）ISO（国际标准化组织）标准代码；

（2）EIA（美国电子工业协会）标准代码。

这两种标准代码的编码方法不同，在大多数现代数控机床上，这两种代码都可以使用，只需要使用系统控制面板上的开关来选择，或者用 G 功能指令来选择。

2. 字

在数控加工程序中，字是指一系列按规定排列的字符，作为一个信息单元存储、传递和操作。字是由一个英文字母与随后的若干位十进制数字组成的，这个英文字母称为地址符。

3. 字的功能

组成程序段的每个字都有其特定的功能含义，以下是以 FANUC-0M 数控系统的规范为主来进行介绍的。在实际工作中，请遵照机床数控系统说明书来使用各个功能字。

（1）顺序号字 N。顺序号又称程序段号或程序段序号。顺序号位于程序段之首，由顺序号字 N 和后续数字组成。顺序号字 N 是地址符，后续数字一般为 1～4 位的正整数。数控加工中的顺序号实际上是程序段的名称，与程序执行的先后顺序无关。数控系统不是按照顺序号的顺序来执行程序，而是按照程序段编写时的排列顺序逐段执行。

顺序号的作用：对程序进行校对和检索修改；作为条件转向的目标，即作为转向目的程序段的名称。有顺序号的程序段可以进行复归操作，这是指加工可以从程序的中间开始，或回到程序中断处开始。

一般使用方法：编程时将第一程序段冠以 N10，之后以间隔 10 递增的方法设置顺序号，这样，在调试程序时，如果需要在 N10 和 N20 之间插入程序段，就可以使用 N11、N12 等。

（2）准备功能字 G。准备功能字的地址符是 G，又称为 G 功能或 G 指令，是用于建立机床或控制系统工作方式的一种指令。后续数字一般为 1～3 位正整数，见表 2-2。

表 2-2　准备功能字 G 含义表

准备功能字 G	FANUC 系统	Siemens 系统
G00	快速移动点定位	快速移动点定位
G01	直线插补	直线插补
G02	顺时针圆弧插补	顺时针圆弧插补
G03	逆时针圆弧插补	逆时针圆弧插补
G04	暂停	暂停
G05	—	通过中间点圆弧插补
G17	XY 平面选择	XY 平面选择
G18	XZ 平面选择	XZ 平面选择
G19	YZ 平面选择	YZ 平面选择
G32	螺纹切削	—
G33	—	恒螺距螺纹切削
G40	刀具补偿注销	刀具补偿注销
G41	刀具补偿—左	刀具补偿—左
G42	刀具补偿—右	刀具补偿—右
G43	刀具长度补偿—正	—
G44	刀具长度补偿—负	—
G49	刀具长度补偿注销	—
G50	主轴最高转速限制	—
G54～G59	加工坐标系设定	零点偏置
G65	用户宏指令	—
G70	精加工循环	英制
G71	外圆粗切循环	米制
G72	端面粗切循环	—
G73	封闭切削循环	—
G74	深孔钻循环	—
G75	外径切槽循环	—
G76	复合螺纹切削循环	—
G80	撤销固定循环	撤销固定循环
G81	定点钻孔循环	固定循环
G90	绝对值编程	绝对尺寸
G91	增量值编程	增量尺寸
G92	螺纹切削循环	主轴转速极限

续表

准备功能字 G	FANUC 系统	Siemens 系统
G94	每分钟进给量	直线进给率
G95	每转进给量	旋转进给率
G96	恒线速控制	恒线速度
G97	恒线速取消	注销 G96
G98	返回起始平面	—
G99	返回 R 平面	—

（3）尺寸字。尺寸字用于确定机床上刀具运动终点的坐标位置。其中，第一组 X、Y、Z、U、V、W、P、Q、R 用于确定终点的直线坐标尺寸；第二组 A、B、C、D、E 用于确定终点的角度坐标尺寸；第三组 I、J、K 用于确定圆弧轮廓的圆心坐标尺寸。在一些数控系统中，还可以用 P 指令确定暂停时间、用 R 指令确定圆弧的半径等。

多数数控系统可以用准备功能字来选择坐标尺寸的制式，如 FANUC 诸系统可用 G21/G22 来选择米制单位或英制单位，也有些系统用系统参数来设定尺寸制式。采用米制单位时，一般单位为 mm，如 X100 指令的坐标单位为 100 mm。当然，一些数控系统可通过参数来选择不同的尺寸单位。

（4）进给功能字 F。进给功能字的地址符是 F，又称为 F 功能或 F 指令，用于指定切削的进给速度。对于车床，F 可分为每分钟进给和主轴每转进给两种，对于其他数控机床，一般只用每分钟进给。F 指令在螺纹切削程序段中常用来指定螺纹的导程。

（5）主轴转速功能字 S。主轴转速功能字的地址符是 S，又称为 S 功能或 S 指令，用于指定主轴转速，单位为 r/min。对于具有恒线速度功能的数控车床，程序中的 S 指令用来指定车削加工的线速度数。

（6）刀具功能字 T。刀具功能是指系统进行选刀或换刀的功能指令，也称为 T 功能。刀具功能使用地址符 T 及后缀的数字来表示，常用刀具功能制定方法有 T4 位数法和 T2 位数法。

1）T4 位数法。T4 位数法可以同时指定刀具和选择刀具补偿，T4 后的 4 位数中前两位数用于指定刀具号，后两位数用于指定刀具补偿存储器号，刀具号与刀具补偿存储器号不一定要相同。例如，T0101 表示选用 1 号刀具及选用 1 号刀具补偿存储器中的补偿值；T0102 表示选用 1 号刀具及选用 2 号刀具补偿存储器中的补偿值。

2）T2 位数法。T2 位数法仅能指定刀具号，刀具补偿存储器号则用其他代码（如 D 或 H 代码）进行选择。同样，刀具号与刀具补偿存储器号不一定要相同。

注意： 目前 FANUC 系统和国产系统数控车床采用 T4 位数法，绝大多数的加工中心及 Siemens 系统采用 T2 位数法。

（7）辅助功能字 M。辅助功能字的地址符是 M，后续数字一般为 1～3 位正整数，又称为 M 功能或 M 指令，用于指定数控机床辅助装置的开关动作，如开、停冷却泵，主轴正反转，程序的结束等，见表 2-3。

表 2-3　辅助功能字 M 含义表

辅助功能字 M	含义
M00	程序暂停
M01	计划停止
M02	程序停止
M03	主轴顺时针旋转
M04	主轴逆时针旋转
M05	主轴旋转停止
M06	换刀
M07	2 号冷却液开
M08	1 号冷却液开
M09	冷却液关
M30	程序停止并返回开始处
M98	调用子程序
M99	返回子程序

注意： 在同一程序段中，既有 M 指令又有其他指令时，M 指令与其他指令执行的先后顺序由机床系统参数设定。因此，为了保证程序以正确的顺序执行，有很多 M 指令，如 M30、M02、M98 等，最好以单独的程序段进行编程。

2.2　常用功能指令及编程方法

2.2.1　数控常用指令的格式

数控加工程序是由各种功能字按照规定的格式组成的。正确地理解各个功能字的含义，恰当地使用各种功能字，按规定的程序指令编写程序，是编制好数控加工程序的关键。

程序编制的规则，首先是由所采用的数控系统来决定的，所以应详细阅读数控系统编程、操作说明书。以下按常用数控系统的共性概念进行说明。

1. 绝对尺寸指令和增量尺寸指令

在加工程序中，绝对尺寸指令和增量尺寸指令是尺寸表达的两种方法。绝对尺寸是指机床运动部件的坐标尺寸值相对于坐标原点给出，如图 2-3（a）所示；增量尺寸是指机床运动部件的坐标尺寸值相对于前一位置给出，如图 2-3（b）所示。

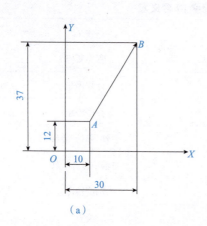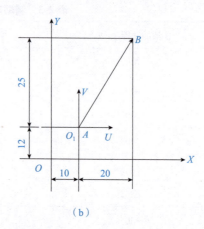

图 2-3　尺寸图的不同表达方法
(a)绝对尺寸；(b)增量尺寸

（1）准备功能字 G 指定。G90 指定尺寸值为绝对尺寸。G91 指定尺寸值为增量尺寸。这种表达方式的特点是同一条程序段中只能用一种，不能混用；同一坐标轴方向的尺寸字的地址符是相同的。

（2）用尺寸字的地址符指定。绝对尺寸的尺寸字的地址符采用 X、Y、Z；增量尺寸的尺寸字的地址符采用 U、V、W。这种表达方式的特点是同一程序段中绝对尺寸和增量尺寸可以混用，这给编程带来很大方便。

2. 坐标平面选择指令

坐标平面选择指令是用来选择圆弧插补平面和刀具补偿平面的。

编程格式：G17/G18/G19；

G17 表示选择 XY 平面，G18 表示选择 XZ 平面，G19 表示选择 YZ 平面，其作用是使机床在指定坐标平面上进行插补加工和加工补偿。在数控机床上，一般默认 XZ 平面；在数控铣床上，默认在 XY 平面内加工。移动指令和平面选择无关，如 G17 Z _ ，这条指令可使机床在 Z 轴方向产生移动。

各坐标平面选择如图 2-4 所示。

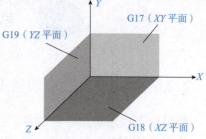

3. 快速点定位指令

快速点定位指令控制刀具以点位控制的方式快速移动到目标位置，其移动速度由参数来设定。指令执行开始后，刀具沿着各个坐标方向同时按参数设定的速度移动，最后减速到达终点，如图 2-5(a)所示。

图 2-4　坐标平面选择

注意：在各坐标方向上有可能不是同时到达终点。刀具移动轨迹是几条线段的组合，不是一条直线。例如，在 FANUC 系统中，运动总是先沿 45°的直线移动，最后沿某一轴线单向移动至目标点位置，如图 2-5(b)所示。编程人员应了解所使用的数控系统的刀具移动轨迹情况，以避免加工中可能出现的碰撞。

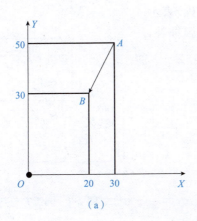

(a)

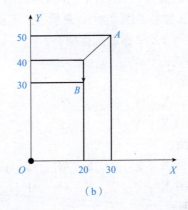

(b)

图 2-5　快速点定位

(a)同时到达终点；(b)单向移动至终点

编程格式：G00 X＿ Y＿ Z＿；

其中，X、Y、Z 的值是快速点定位的终点坐标值。

例：从 A 点到 B 点快速移动的程序段为 G90 G00 X20 Y30。

注意：

(1)G00 是模态指令，上面例子中，由点 A 到点 B 实现快速点定位时，因前面程序段已设定了 G00，后面程序段就可不再重复设定 G00，只写出坐标值即可。

(2)快速点定位移动速度不能用程序指令设定，它的速度已由生产厂家预先调定或由引导程序确定。若在快速点定位程序段前设定了进给速度 F，指令 F 对 G00 程序段无效。

(3)快速点定位 G00 是刀具由程序起始点开始加速移动至最大速度，然后保持快速移动，最后减速到达终点，实现快速点定位，这样可以提高数控机床的定位精度。

4. 直线插补指令

直线插补指令用于产生按指定进给速度 F 实现的空间直线运动。

程序格式：G01 X＿ Y＿ Z＿ F＿；

其中，X、Y、Z 的值是直线插补的终点坐标值。

【例 2-1】 实现图 2-6 中从 A 点到 B 点的直线插补运动，其程序段：

绝对方式编程：G90 G01 X10 Y10 F100；

增量方式编程：G91 G01 X－10 Y－20 F100；

图 2-6　直线插补运动

5. 圆弧插补指令

G02 为按指定进给速度的顺时针圆弧插补。G03 为按指定进给速度的逆时针圆弧插补。

圆弧顺逆方向的判别：沿着不在圆弧平面内的坐标轴，由正方向向负方向看，顺时针方向为 G02，逆时针方向为 G03，如图 2-7 所示。

各平面内圆弧情况如图 2-8 所示。图 2-8（a）表示 *XY* 平面圆弧插补，图 2-8（b）表示 *XZ* 平面圆弧插补，图 2-8（c）表示 *YZ* 平面的圆弧插补。

程序格式：

XY 平面：

G17 G02 X_ Y_ I_ J_（R_）F_ ;

G17 G03 X_ Y_ I_ J_（R_）F_ 。

XZ 平面：

G18 G02 X_ Z_ I_ K_（R_）F_ ;

G18 G03 X_ Z_ I_ K_（R_）F_ 。

YZ 平面：

G19 G02 Y_ Z_ J_ K_（R_）F_ ;

G19 G03 Y_ Z_ J_ K_（R_）F_ 。

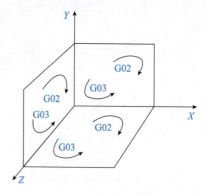

图 2-7　圆弧方向判别

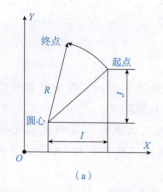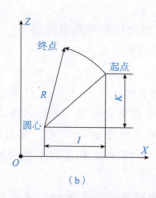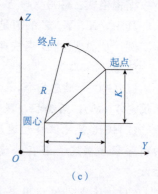

图 2-8　各平面内圆弧情况

（a）*XY* 平面圆弧；（b）*XZ* 平面圆弧；（c）*YZ* 平面圆弧

其中：

X、*Y*、*Z* 的值是指圆弧插补的终点坐标值；

I、*J*、*K* 是指圆弧起点到圆心的增量坐标，与 G90、G91 无关；

R 为指定圆弧半径。当圆弧的圆心角≤180°时，*R* 值为正；当圆弧的圆心角＞180°时，*R* 值为负。

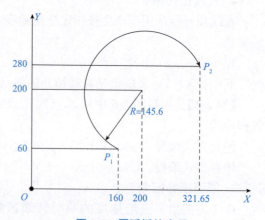

图 2-9　圆弧插补应用

【例 2-2】　在图 2-9 中，若圆弧 *A* 的起点为 P_1，终点为 P_2，圆弧插补程序段为

　　G02 X321.65 Y280 I40 J140 F50；

或　　　　　　　　　G02 X321.65 Y280 R−145.6 F50；

当圆弧 *A* 的起点为 P_2，终点为 P_1 时，圆弧插补程序段为

　　G03 X160 Y60 I−121.65 J−80 F50；

或 　　　　　　　　G03 X160 Y60 R－145.6 F50;

6. F 功能

F 功能指令用于控制切削进给量。在程序中,有两种使用方法。

(1)每转进给量。

编程格式:G95 F＿;

F 后面的数字表示的是主轴每转进给量,单位为 mm/r。

例:G95 F0.2 表示进给量为 0.2 mm/r。

(2)每分钟进给量。

编程格式:G94 F＿;

F 后面的数字表示的是每分钟进给量,单位为 mm/min。

例:G94 F100 表示进给量为 100 mm/min。

7. S 功能

S 功能指令用于控制主轴转速。

编程格式:S＿;

S 后面的数字表示主轴转速,单位为 r/min。在具有恒线速功能的机床上,S 功能指令还有如下作用。

(1)最高转速限制。

编程格式:G50 S＿;

S 后面的数字表示的是最高转速:r/min。

例:G50 S3000 表示最高转速限制为 3 000 r/min。

(2)恒线速控制。

编程格式:G96 S＿;

S 后面的数字表示的是恒定的线速度:m/min。

线速度 v 与转速 n 之间的相互换算关系为

$$v=\pi Dn/1\ 000$$
$$n=1\ 000v/(\pi D)$$

式中　v——切削线速度(m/min);

　　　D——刀具直径(mm);

　　　n——主轴转速(r/min)。

例:G96 S150 表示切削点线速度控制为 150 m/min。

(3)恒线速取消。

编程格式:G97 S＿;

S 后面的数字表示恒线速控制取消后的主轴转速,如 S 未指定,将保留 G96 的最终值。

例:G97 S3000 表示恒线速控制取消后主轴转速为 3 000 r/min。

8. T 功能

T 功能指令用于选择加工所用刀具。

编程格式:T＿;

T 后面通常有两位数,用以表示所选择的刀具号码。但也有 T 后面有四位数字,前两位是刀具号，后两位是刀具长度补偿号，也是刀尖圆弧半径补偿号。

例：T0303 表示选用 3 号刀及 3 号刀具长度补偿值或刀尖圆弧半径补偿值；T0300 表示取消刀具补偿。

9. M 功能

（1）程序暂停。

指令：M00

功能：在完成程序段其他指令后，机床停止自动运行，此时所有存在的模态信息保持不变，用循环启动执行 M00 后面的指令，使机床自动运行。

（2）计划停止。

指令：M01

功能：与 M00 作用相似，但 M01 可以用机床"任选停止按钮"选择是否有效。

（3）主轴顺时针方向旋转、主轴逆时针方向旋转、主轴停止。

指令：M03、M04、M05

功能：M03 指令可使主轴按右旋螺纹进入工件的方向旋转，即主轴正转；M04 指令使主轴按右旋螺纹离开工件的方向旋转，即主轴反转；M05 指令可使主轴停止。

格式：M03 S _ ；

M04 S _ ；

M05

（4）换刀。

指令：M06

功能：自动换刀，用于具有自动换刀装置的机床，如加工中心等。

格式：M06 T _ ；

说明：当数控系统不同时，换刀的格式有所不同，具体编程时应参考操作说明书。

（5）程序停止。

指令：M02、M30

功能：M02 程序停止指令执行后，表示本加工程序内所有内容均已完成，但程序结束后，机床 CRT 屏上的执行光标不返回程序开始段。

M30 与 M02 相似，表示程序停止，不同之处在于当程序内容结束后，随即关闭主轴、切削液等所有机床动作，机床 CRT 显示屏上的执行光标返回程序开始段，为加工下一个工件做好准备。

（6）切削液开、关。

指令：M08、M09

功能：M08 表示切削液开，M09 表示切削液关。

10. 加工坐标系设置

编程格式：G50 X _ Z _ ；

其中，X、Z 的值是起刀点相对于加工原点的位置。

在数控车床编程时，所有 X 坐标值均使用直径值。

注意：有的数控系统使用 G92 指令，功能与 G50 一样。

2.2.2 数控机床程序原点

从理论上讲编程原点选择在零件上的任何一点都可以,但实际上,为了换算尺寸尽可能简便,减小计算误差,应选择一个合理的编程原点。

车削零件编程原点的 X 向零点应选择在零件的回转中心。Z 向零点一般应选择在零件的右端面、设计基准或对称平面内。车削加工的编程原点选择如图 2-10 所示。

铣削零件编程原点 X、Y 向零点一般可选择在设计基准或工艺基准的端面或孔的中心线上,对于有对称部分的工件,可以选择在对称面上,以便用镜像等指令来简化编程。Z 向的编程原点,习惯选择在工件上表面,这样,当刀具切入工件后 Z 向尺寸字均为负值,以便于检查程序。铣削加工的编程原点如图 2-11 所示。

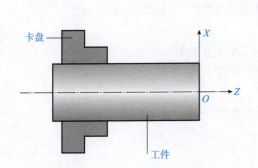

图 2-10　车削加工的编程原点选择

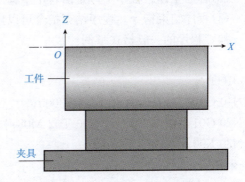

图 2-11　铣削加工的编程原点

编程原点选定后,就应将各点的尺寸换算成以编程原点为基准的坐标值。为了在加工过程中有效地控制尺寸公差,按尺寸公差的中值来计算坐标值。

2.2.3 数控程序编制的过程

加工程序的格式如下。

1. 程序段格式

程序段是可作为一个单位来处理的、连续的字组,是数控加工程序中的一条语句。一个数控加工程序是由若干个程序段组成的。

程序段格式是指程序段中的字、字符和数据的安排形式。现在一般使用字地址可变程序段格式,每个字长不固定,各个程序段中的长度和功能字的个数都是可变的。在地址可变程序段格式中,上一程序段写明的、本程序段内又不变化的那些字仍然有效,可以不再重写。这种功能字称为续效字。

程序段格式举例:

N30 G01 X88.1 Y30.2 F500 S3000 T02 M08;

N40 X90(本程序段省略了续效字"G01,Y30.2,F500,S3000,T02,M08",但它们的功能仍然有效);

在程序段中,必须明确组成程序段的各要素:

移动目标:终点坐标值 X、Y、Z;

沿怎样的轨迹移动：准备功能字 G；

进给速度：进给功能字 F；

切削速度：主轴转速功能字 S；

使用刀具：刀具功能字 T；

机床辅助动作：辅助功能字 M。

2. 加工程序的一般格式

(1)程序开始符、结束符。程序开始符、结束符是同一个字符，ISO 代码中是％，EIA 代码中是 EP，书写时要单列一段。

(2)程序名。程序名有两种形式：一种是由英文字母 O 和 1～4 位正整数组成的；另一种是由英文字母开头、字母数字混合组成的，一般要求单列一段。

(3)程序主体。程序主体是由若干个程序段组成的，每个程序段一般占一行。

(4)程序结束指令。程序结束指令可以用 M02 或 M30，一般要求单列一段。

加工程序的一般格式举例：

```
%                                          // 程序开始符
O1000;                                     // 程序名
N10 G00 G54 X50 Y30 M03 S3000;
N20 G01 X88.1 Y30.2 F500 T02 M08;          // 程序主体
N30 X90;
......
N300 M30;                                  // 程序结束指令
%                                          // 程序结束符
```

2.3　数控加工工艺基础

数控车削加工
工艺基础

2.3.1　数控加工工艺基础知识

1. 加工方法的选择

(1)数控机床适用于加工圆柱形、圆锥形、各种成型回转表面、螺纹及各种盘类工件，并可进行钻、扩、镗孔加工；

(2)立式数控铣镗床或立式加工中心适用于加工箱体、箱盖、盖板、壳体、平面凸轮、样板、形状复杂的平面或立体工件，以及模具的内、外型腔等；

(3)卧式数控铣镗床或卧式加工中心适用于加工复杂的箱体、泵体、阀体、壳体等工件；多坐标联动数控铣床还能加工各种复杂曲面、叶轮、模具等工件。

2. 加工工序的编排原则

在数控机床上加工时，其加工工序一般按以下原则编排。

(1)按工序集中划分工序的原则。该原则是指每道工序包括尽可能多的加工内容，从而使工序的总数减少。采用原则有利于提高加工精度(特别是位置精度)、提高生产效率、缩短生产周期和减少机床数量；但专用设备和工艺装备投资大、调整维修比较麻烦、生产准备周期较长，不利于转产。

（2）按粗、精加工划分工序的原则。即粗加工完成的那部分工艺过程为一道工序，精加工完成的那部分工艺过程为一道工序。这种划分方法适用于加工后变形较大，需粗、精加工分开的工件，如毛坯为铸件、焊接件或锻件的工件。

（3）按刀具划分工序的原则。以同一把刀完成的那一部分工艺过程为一道工序，这种方法适用于工件待加工表面较多、机床连续工作时间较长、加工程序的编制和检查难度较大等情况。

（4）按加工部位划分工序的原则。即完成相同型面的那一部分工艺过程为一道工序，对于加工表面多且复杂的工件，可按其结构特点（如内形、外形、曲面和平面等）划分成多道工序。

（5）按其他划分工序的原则。数控加工工序顺序的安排还可参考下列原则：

1）同一定位装夹方式或用同一把刀具的工序，最好相邻连接完成，这样可避免因重复定位而造成误差和减少工夹、换刀等辅助时间。

2）当一次装夹进行多道加工工序时，则应考虑把对工件刚度削弱较小的工序安排在先，以减小加工变形。

3）上道工序应不影响下道工序的定位与装夹。

4）先内型腔加工工序，后外形加工工序。

3. 工件的装夹

在决定零件的装夹方式时，应力求使设计基准、工艺基准和编程计算基准统一，同时，还应力求装夹次数最少。在选择夹具时，一般应注意以下几点。

（1）尽量采用通用夹具、组合夹具，必要时才设计专用夹具。

（2）工件的定位基准应与设计基准保持一致，注意防止过定位干涉现象，且便于工件的安装，决不允许出现欠定位的情况。

（3）由于在数控机床上通常一次装夹完成工件的全部工序，因此应防止工件夹紧引起的变形对工件加工造成的不良影响。

（4）夹具在夹紧工件时，要使工件上的加工部位开放，夹紧机构上的各部件不得妨碍走刀。

（5）尽量使夹具的定位、夹紧装置部位无切屑积留，清理方便。

4. 对刀点和换刀点位置的确定

（1）选择对刀点的原则。在数控加工中，还要注意对刀的问题，也就是对刀点的问题。对刀点是加工零件时刀具相对于零件运动的起点，因为数控加工程序是从这一点开始执行的，所以对刀点也称为起刀点。

1）便于数学处理（基点和节点的计算）和使程序编制简单。

2）在机床上容易找正。

3）在加工过程中便于测量检查。

4）引起的加工误差小。

（2）选择换刀点的原则。对于数控机床、加工中心等，若在加工过程中需要换刀，在编程时应考虑合适的换刀点。所谓换刀点，是指刀架转位换刀时的位置。该点可以是某一固定点（如加工中心上换刀机械手的位置是固定的），也可以是任意一点（如数控机床刀架）。

换刀点的位置应根据换刀时刀具不碰到工件、夹具和机床的原则而定。换刀点往往是固定的，而且应设在工件或夹具的外部或设在距离工件较远的地方。

5. 加工路线的确定

编程时，确定加工路线的原则主要有以下几点。

(1)应尽量缩短加工路线，减少空刀时间以提高加工效率。

(2)能够使数值计算简单，程序段数量少，简化程序，减少编程工作量。

(3)被加工工件具有良好的加工精度和表面质量(如表面粗糙度)。

(4)确定轴向移动尺寸时，应考虑刀具的引入长度和超越长度。

6. 刀具的选择

(1)选用刚性和耐用度高的刀具，以缩短对刀和换刀的停机时间。

(2)刀具尺寸稳定，安装调整简便。

7. 切削用量的选择

(1)粗加工以提高生产率为主，半精加工和精加工以加工质量为主。

(2)注意拐角处的过切和欠切。

数控加工工艺的确定原则见表 2-4。

表 2-4　数控加工工艺的确定原则

工件安装的确定原则	①力求设计基准、工艺基准和编程基准统一； ②尽可能一次装夹完成全部加工，减少装夹次数； ③避免使用需要占用数控机床时间的装夹方案，充分发挥数控机床功效
对刀点的确定原则	①便于数学处理和加工程序的简化； ②在机床上定位简便； ③在加工过程中便于检查； ④由对刀点引起的加工误差较小
加工路线的确定原则	①应尽量缩短加工路线，减少空刀时间以提高加工效率； ②能够使数值计算简单，程序段数量少，简化程序，减少编程工作量； ③被加工工件具有良好的加工精度和表面质量(如表面粗糙度)； ④确定轴向移动尺寸时，应考虑刀具的引入长度和超越长度
数控刀具的确定原则	①选用刚性和耐用度高的刀具，以缩短对刀和换刀的停机时间； ②刀具尺寸稳定，安装调整简便
切削用量的确定原则	①粗加工以提高生产率为主，半精加工和精加工以加工质量为主； ②注意拐角处的过切和欠切

2.3.2　数控加工工序卡、刀具卡片、走刀路线图

数控加工工艺文件主要有数控加工工序卡、数控加工刀具卡、数控加工走刀路线图等。文件格式可根据企业实际情况自行设计，以下提供了常用文件格式。

1. 数控加工工序卡

数控加工工序卡是按照每道工序所编写的一种工艺文件，一般有工序简图，并详细

说明该工序中每个工步的加工内容、工艺参数、操作要求，以及所用设备和工艺装备等。

数控加工工序卡与机械加工工序卡很相似，所不同的是：工序简图中应注明编程原点与对刀点，要有编程说明(如程序编号、刀具半径补偿等)，它是操作人员进行数控加工的主要指导性工艺资料，详见表 2-5。

表 2-5　数控加工工序卡

工厂	数控加工工序卡片	产品名称及型号			零件名称	零件图号	工序名称	工序号	第　页
									共　页
					车间	工段	材料名称	材料牌号	机械性能
					同时加工零件数	技术等组		单件时间/min	准备终结时间/min
					设备名称	设备编号	夹具名称	夹具编号	冷却液
					数控系统型号	程序号	存储介质	编程原点	对刀点
					更改内容				

工步号	工步内容	切削用量				工时定额/min			刀具		量具名称	备注
		切削深度/mm	进给量/(mm·min⁻¹)	转速/(r·min⁻¹)	切削速度/(m·min⁻¹)	基本时间	辅助时间	工作地点、服务时间	刀号	规格名称		

工序简图的绘制应满足下列要求：

(1)以适当的比例、最少的视图，表示出工件在加工时所处的位置状态，与本工序无关的部位可不必表示。

(2)工序图上应标明定位、夹紧符号，表明该工序的定位基准、夹紧力的作用点及方向。

项目 2　认识数控编程技术基础

39

（3）本工序的各加工表面用粗实线表示，其他部位用细实线表示。

（4）加工表面应标注出尺寸、形状、位置精度要求和粗糙度要求。

2. 数控加工刀具卡

数控加工刀具卡主要反映刀具编号、规格名称、数量、刀片型号和材料、长度、加工表面等内容，见表 2-6。

表 2-6　数控加工刀具卡

工序号		零件名称		编制		审核	
程序号				日期		日期	
工步号	刀具号	刀具型号	刀片型号	长度补偿	半径补偿	备注	

3. 数控加工走刀路线图

在数控加工中，要防止刀具在运动过程中与夹具或工件发生意外碰撞，为此通过走刀路线图告知操作者程序中的刀具运动路线（如从哪里下刀、在哪里抬刀、哪里是斜下刀等）。

为简化走刀路线图，一般可采用统一约定的符号来表示。不同的机床可以采用不同的图例与格式。表 2-7 所示为常见数控加工走刀路线图。

表 2-7　常见数控加工走刀路线图

数控加工走刀路线图		零件图号	NC01	工序号	5	工步号	1	程序号	0100
机床型号	XK5032	程序段号	N10～N170	加工内容		铣轮廓周边		共 1 页	第 1 页

		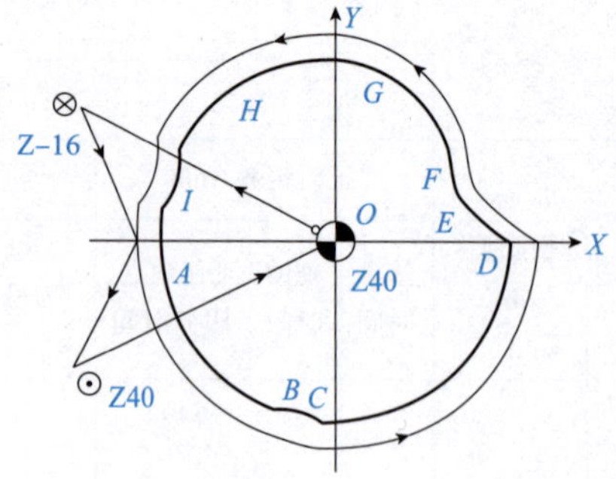 编号	
		校对	
		审批	

符号	⊙	⊗	◓	 •→	 →	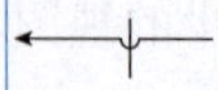 ⊢	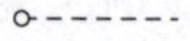 •---○	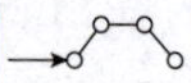 ↗⌒○	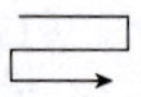 ▱→
含义	抬刀	下刀	编程原点	起刀点	走刀方向	走刀线相交	爬斜坡	铰孔	行切

2.3.3 数控车削加工常用的刀具

在数控机床上使用的刀具有外圆车刀、钻头、镗刀、切断刀、螺纹加工刀具等。其中，以外圆车刀、镗刀、钻头最为常用。数控车削加工常用刀具介绍见表2-8。

表2-8 数控车削加工常用刀具介绍

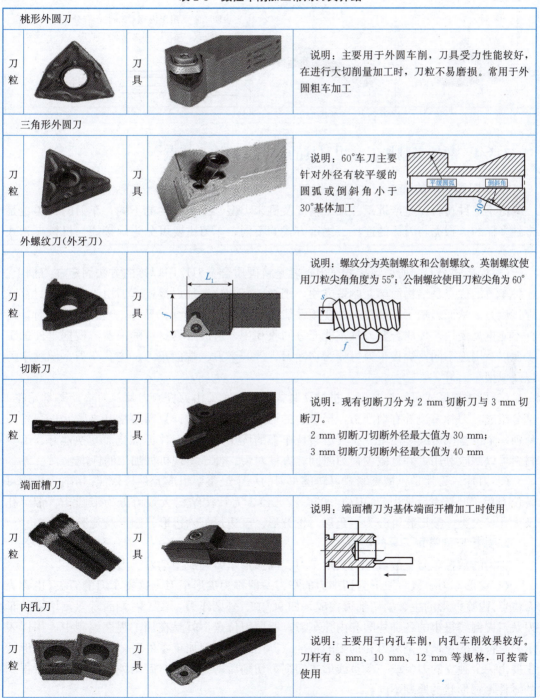

桃形外圆刀			
刀粒		刀具	说明：主要用于外圆车削，刀具受力性能较好，在进行大切削量加工时，刀粒不易磨损。常用于外圆粗车加工
三角形外圆刀			
刀粒		刀具	说明：60°车刀主要针对外径有较平缓的圆弧或倒斜角小于30°基体加工
外螺纹刀（外牙刀）			
刀粒		刀具	说明：螺纹分为英制螺纹和公制螺纹。英制螺纹使用刀粒尖角角度为55°；公制螺纹使用刀粒尖角为60°
切断刀			
刀粒		刀具	说明：现有切断刀分为2 mm切断刀与3 mm切断刀。2 mm切断刀切断外径最大值为30 mm；3 mm切断刀切断外径最大值为40 mm
端面槽刀			
刀粒		刀具	说明：端面槽刀为基体端面开槽加工时使用
内孔刀			
刀粒		刀具	说明：主要用于内孔车削，内孔车削效果较好。刀杆有8 mm、10 mm、12 mm等规格，可按需使用

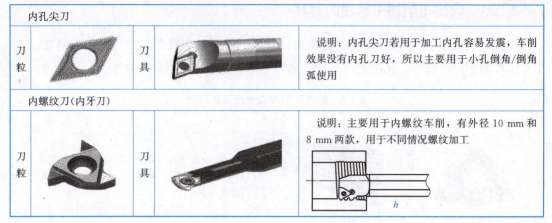

内孔尖刀			
刀粒		刀具	说明：内孔尖刀若用于加工内孔容易发震，车削效果没有内孔刀好，所以主要用于小孔倒角/倒角弧使用
内螺纹刀（内牙刀）			
刀粒		刀具	说明：主要用于内螺纹车削，有外径 10 mm 和 8 mm 两款，用于不同情况螺纹加工

2.3.4　数控车削加工常用刀具的种类、结构、特点

1. 车刀和刀片的种类

由于工件材料、生产批量、加工精度及机床类型、工艺方案的不同，车刀的种类也是多种多样的。根据与刀体的连接、固定方式的不同，车刀主要可分为焊接式与机械夹紧式两大类。

（1）焊接式车刀。所谓焊接式车刀，就是将硬质合金刀片用焊接的方法固定在刀柄上。这种车刀的优点是结构简单，制造方便，刚性较好；缺点是焊接式车刀由于在焊接时存在焊接应力，从而影响了刀具材料的使用性能，甚至会出现裂纹。另外，当刀具报废时，刀杆不能重复使用，硬质合金刀片不能充分回收利用，造成刀具材料的浪费。根据工件加工表面以及用途不同，焊接车刀可分为切断刀、外圆车刀、端面车刀、内孔车刀、螺纹车刀以及成型车刀等。

（2）机械夹紧式可转位车刀。机械夹紧式可转位车刀由刀杆、刀片、刀垫及夹紧元件4部分组成。刀片每边都有切削刃，当某边的切削刃被磨钝后，只需要松开夹紧元件，将刀片换一个位置便可继续使用。机夹可转位车刀的优点是由于刀片标准化而互换性好，刀具材料可以回收利用，并且减少换刀时间，方便对刀，便于实现机械加工的标准化。

（3）刀片。刀片是机械夹紧式可转位车刀的一个最重要组成元件。依照《切削刀具用可转位刀片　型号表示规则》（GB/T 2076—2021），刀片按结构大致可分为带圆孔、带沉孔及无孔三大类，按形状可分为三角形、正方形、五边形、六边形、圆形及菱形等。

2. 数控车削常用刀具的类型

常用的数控车刀一般可分为尖形车刀、圆弧形车刀和成型车刀三类。

（1）尖形车刀。以直线形为切削刃的车刀一般称为尖形车刀。这类车刀的刀尖（也称为刀位点）由直线形的主、副切削刃构成，如90°内、外圆车刀，左、右端面车刀，切（断）车刀及刀尖倒棱很小的各种外圆和内孔车刀。所谓刀位点，就是在加工程序编制中，用以表示刀具特征的点，也是对刀和加工的特征点。用这类车刀加工零件时，其零件的轮廓形状主要由一个独立的刀尖或一条直线形主切削刃切削后得到，它与后两种车刀加工时所得到的零件轮廓形状的原理不同。

（2）圆弧形车刀。圆弧形车刀是一种特殊的数控车刀。其特征：主切削刃的形状为一圆度误差或轮廓误差很小的圆弧，该圆弧上的每一点都是圆弧形车刀的刀尖。因此，刀位点不在圆弧上，而在该圆弧的圆心上，车刀圆弧半径理论上与被加工零件的形状无关，并可按需要灵活确定或经测定后确认。当某些尖形车刀或成型车刀（如螺纹车刀）的刀尖具有一定的圆弧形状时，也可以采用这类车刀。圆弧形车刀可以用于车削内、外表面，特别适宜于车削各种光滑连接（凹形）的成形面。

（3）成型车刀。成型车刀也称样板车刀，其加工零件的轮廓形状完全由车刀切削刃的形状和尺寸决定。在数控车削加工中，常见的成型车刀有小半径圆弧车刀、非矩形切刀和螺纹车刀等。在数控加工中，一般不用成型车刀，因为刀具的种类和形状丰富，完全可以利用标准的刀具切削出精确的工件轮廓，而成型车刀的刃磨往往在精度和表面质量上有很大误差，当确有必要选用时，则应在工艺文件或加工程序单上详细说明。

3. 机械夹紧式可转位车刀的选用

为了减少换刀时间和方便对刀，便于实现机械加工的标准化，数控车削加工时应尽量采用标准的机械夹紧式刀和机械夹紧式刀片。

（1）刀片材质的选择。车刀刀片的材料主要有高速钢、硬质合金、涂层硬质合金、陶瓷、立方氮化硼和金刚石等。其中，应用最多的是硬质合金和涂层硬质合金刀片。选择刀片材质主要依据被加工工件的材料、被加工表面的精度、表面质量要求、切削荷载的大小，以及切削过程中有无冲击和振动等。

（2）刀片尺寸的选择。刀片尺寸的大小取决于必要的有效切削刃长度 L，有效切削刃长度和背吃刀量 a 与车刀的主偏角 k 的关系，使用时可查询有关刀具手册选取。

（3）刀片形状的选择。刀片形状主要依据被加工工件的表面形状、切削方法、刀具寿命和刀片的转位次数等因素选择。

2.3.5 刀具参数对加工的影响

刀具切削部分的几何参数对零件的表面质量及切削性能影响极大，应根据零件的形状、刀具的安装位置及加工方法等，正确选择刀具的几何形状及有关参数。

1. 车刀的几何参数

尖形车刀的几何参数主要是指车刀的几何角度。选择方法与使用普通车削时的方法基本相同，但应结合数控加工的特点（如走刀路线及加工干涉等）全面考虑。

可用作图或计算的方法确定尖形车刀不发生干涉的几何角度，如副偏角不发生干涉的极限角度值为大于作图或计算所得角度的 6°即可。当确定几何角度困难甚至无法确定（如尖形车刀加工接近半个凹圆弧的轮廓等）时，应考虑选择其他类型的车刀后，再确定其几何角度。

2. 圆弧形车刀的几何参数

（1）圆弧形车刀的选用。对于某些精度要求较高的凹曲面车削或大外圆弧面的批量车削，以及尖形车刀所不能完成的加工，宜选用圆弧形车刀进行。圆弧形车刀具有宽刃切削（修光）性质；能使精车余量保持均匀而改善切削性能；还能一刀车出跨多个象限的圆弧面。

（2）圆弧形车刀的几何参数。圆弧形车刀的几何参数除前角及后角外，主要几何参数为车刀圆弧切削刃的形状及半径。

选择车刀圆弧半径的大小时，应考虑以下两点：

(1)车刀切削刃的圆弧半径应当小于或等于零件凹形轮廓上的最小半径，以免发生加工干涉；

(2)该半径不宜太小，否则既难以制造，又会因其刀头强度太弱或刀体散热能力差，使车刀容易受到损坏。

当车刀圆弧半径已经选定或通过测量并给予确认之后，应特别注意圆弧切削刃的形状误差对加工精度的影响。

在车削时，车刀的圆弧切削刃与被加工轮廓曲线做相对滚动运动。这时，车刀在不同的切削位置上，其"刀尖"在圆弧切削刃上也有不同的位置(切削刃圆弧与零件轮廓相切的切点)，也就是说，切削刃对工件的切削，是以无数个连续变化位置的"刀尖"进行的。为了使这些不断变化位置的"刀尖"能按加工原理所要求的规律("刀尖"所在半径处处等距)运动，并便于编程，故规定圆弧形车刀的刀位点必须在该圆弧刃的圆心位置上。

要满足车刀圆弧刃的半径处处等距，必须保证该圆弧刃具有很小的圆度误差，即近似为一条理想圆弧，因此，需要通过特殊的制造工艺(如光学曲线磨颚等)，才能将其圆弧刃做得准确。

至于圆弧形车刀前、后角的选择，原则上与普通车刀相同，只不过形成其前角(大于0°时)的前刀面一般都为凹球面，形成其后角的后刀面一般为圆锥面。圆弧形车刀前、后刀面的特殊形状，是为满足在切削刃的每个点上都具有恒定的前角和后角，以保证切削过程的稳定性及加工精度。为了制造车刀的方便，在精车时，其前角多选择0°。

2.3.6　刀具安装的方法

选择好合适的刀片和刀杆后，首先将刀片安装在刀杆上，再将刀杆依次安装到回转刀架上，之后通过刀具干涉图和加工行程图检查刀具安装尺寸。

在刀具安装过程中，应注意以下问题：

(1)安装前保证刀杆及刀片定位面清洁，无损伤；

(2)将刀杆安装在刀架上时，应保证刀杆方向正确；

(3)安装刀具时需注意使刀尖等高于主轴的回转中心。

数控铣削走刀路线

2.3.7　对刀的方法

在数控车削加工中，应首先确定零件的加工原点，以建立准确的加工坐标系，即工件坐标系，同时考虑刀具的不同尺寸对加工的影响。这些都需要通过对刀来解决。

1. 常用的对刀方法

(1)一般对刀。一般对刀是指在机床上使用相对位置检测手动对刀。下面以 Z 向对刀为例说明对刀方法。刀具安装后，先移动刀具手动切削工件右端面，再沿 X 向退刀，将右端面与加工原点距离 N 输入数控系统，即完成这把刀具 Z 向对刀过程。

手动对刀是很基本的对刀方法，但它还是没跳出传统车床的"试切—测量—调整"的对刀模式，这种对刀方法占用了较多的辅助时间。

（2）机外对刀仪对刀。机外对刀仪对刀的原理是测量出刀具假想刀尖点到刀具台基准之间 X 及 Z 方向的距离。利用机外对刀仪可将刀具预先在机床外校对好，以便装上机床后将对刀长度输入相应刀具补偿号即可使用。

（3）自动对刀。自动对刀是通过刀尖检测系统实现的，刀尖以设定的速度向接触式传感器接近，当刀尖与传感器接触并发出信号后，数控系统立即记下该瞬间的坐标值，并自动修正刀具补偿值。

2. 对刀的设置

工件装夹位置在数控机床工作台确定后，通过确定工件原点来确定工件坐标系，加工程序中的各运动轴代码控制刀具做相对位移。例如，某程序开始第一个程序段为 N0010 G90 G00 X100 Z20，是指刀具在工件坐标中快速移动到 $X=100$ mm、$Z=20$ mm 处。所以，在程序执行的开始，必须确定刀具在工件坐标系下开始运动的位置，这一位置即程序执行时刀具相对于工件运动的起点，所以称为程序起始点或起刀点。此起始点一般通过对刀来确定，所以，该点又称对刀点。

在编制程序时，要正确选择对刀点的位置。对刀点设置原则如下：

（1）便于数值处理和简化程序编制。

（2）易于找正并在加工过程中便于检查。

（3）引起的加工误差小。

对刀点可以设置在加工零件上，也可以设置在夹具上或机床上，为了提高零件的加工精度，对刀点应尽量设置在零件的设计基准或工艺基准上。例如，以外圆或孔定位零件，可以选取外圆或孔的中心与端面的交点作为对刀点。

实际操作机床时，可通过手工对刀操作把刀具的刀位点放到对刀点上，即"刀位点"与"对刀点"的重合。所谓"刀位点"，是指刀具的定位基准点，车刀的刀位点为刀尖或刀尖圆弧中心。手动对刀操作的对刀精度较低，且效率低。有些工厂采用光学对刀镜、对刀仪、自动对刀装置等，以减少对刀时间，提高对刀精度。

在加工过程中需要换刀时，应规定换刀点。所谓"换刀点"，是指刀架转动换刀时的位置，因此，换刀点应设置在与工件或夹具有一定距离的位置，以在换刀时不碰到工件及其他部件为准。通常，换刀点设置在距离工件或夹具不远的位置，要能满足不与工件或夹具产生干涉，同时，还要注意减少机床的空行程以提高加工效率。

3. 手动对刀方法

试切法对刀是实际中应用最多的一种手动对刀方法。

工件和刀具装夹完毕，让主轴旋转，在手轮模式下移动刀架在工件上试切一段外圆。然后保持 X 坐标不变，移动 Z 轴刀具离开工件，测量出该段外圆的直径。将其输入相应的刀具参数中的刀长，系统会自动用刀具当前 X 坐标减去试切出的那段外圆直径，即得到工件坐标系 X 原点的位置。再移动刀具试切工件一端端面，在相应的刀具参数中的刀宽中输入 Z0，系统会自动将此时刀具的 Z 坐标减去刚才输入的数值，即得到工件坐标系 Z 原点的位置。

事实上，找工件原点在机床坐标系中的位置并不是求该点的实际位置，而是找刀尖点到达(0，0)时刀架的位置。采用这种方法对刀一般不使用标准刀，在加工之前需要将所要用到的刀具全部都对好。

2.4　数控编程中的数值计算

2.4.1　节点、基点的概念

1. 节点的概念

数控系统一般只能做直线插补和圆弧插补的切削运动。如果工件轮廓是非圆曲线，数控系统就无法直接实现插补，而需要通过一定的数学处理。数学处理的方法是用直线段或圆弧段逼近非圆曲线，逼近线段与被加工曲线交点称为节点。

例如，对图2-12所示的曲线用直线逼近时，其交点 A、B、C、D、E、F 即节点。

在编程时，首先要计算出节点的坐标，节点的计算一般都比较复杂，靠手工计算已很难胜任，必须借助计算机辅助处理。求得各节点后，就可按相邻两节点间的直线来编写加工程序。

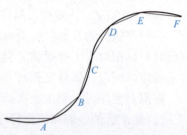

图 2-12　零件轮廓的节点

这种通过求得节点，再编写程序的方法，使节点数目决定了程序段的数目。图2-12中有6个节点，即用5段直线逼近了曲线，因而就有5个直线插补程序段。节点数目越多，由直线逼近曲线产生的误差 δ 越小，程序的长度则越长。可见，节点数目的多少，决定了加工的精度和程序的长度。因此，正确确定节点数目是一个关键问题。

2. 基点的概念

零件的轮廓是由许多不同的几何要素组成，如直线、圆弧、二次曲线等。各几何要素之间的连接点称为基点。基点坐标是编程中必需的重要数据。

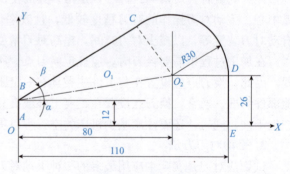

图 2-13　零件图样

【例2-3】　图2-13所示的零件中，A、B、C、D、E 为基点。A、B、D、E 的坐标值从图2-13中很容易找出，C 点是直线与圆弧切点，要联立方程求解。以 B 点为计算坐标系原点，联立下列方程：

直线方程：$Y = \tan(\alpha + \beta)X$

圆弧方程：$(X-80)^2 + (Y-14)^2 = 30^2$

可求得(64.278 6，39.550 7)，换算到以点 A 为原点的编程坐标系中，点 C 坐标为(64.278 6，51.550 7)。

可以看出，对于如此简单的零件，基点的计算都很麻烦。对于复杂的零件，其计算工作量可想而知，为提高编程效率，可应用 CAD/CAM 软件辅助编程。

2.4.2 节点编程举例

编程实例：如图 2-14 所示，编程原点设定在 A 点，使用 90°偏刀进行精加工轮廓，精加工的加工路径为 $A→B→C→D$，请在精加工编程中选用正确的指令，并试着编制精加工程序。

Step1 建立编程坐标系

通过对刀操作，建立编程坐标系，编程原点建立在 A 点。

Step2 基点计算

根据图可知，点 A 为$(0，0)$，点 B 为$(40，-20)$，点 C 为$(40，-72)$，点 D 为$(58，-87)$，点 E 为$(58，-150)$（数控车床编程中一般采用直径编程）。

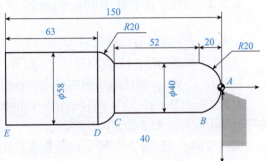

图 2-14 轴类零件图

Step3 判定走刀轨迹

从点 A 到点 B 为圆弧，通过圆弧判定原则，该圆弧为逆圆弧。

从点 B 到点 C 为直线。

从点 C 到点 D 为圆弧，通过圆弧判定原则，该圆弧为逆圆弧。

从点 D 到点 E 为直线。

Step4 指令选择

从点 A 到点 B 为逆圆弧，而且进行切削加工，故选用圆弧插补指令为 G03。

从点 B 到点 C 为直线，而且进行切削加工，故选用直线插补指令为 G01。

从点 C 到点 D 为逆圆弧，而且进行切削加工，故选用圆弧插补指令为 G03。

从点 D 到点 E 为直线，而且进行切削加工，故选用直线插补指令为 G01。

Step5 程序编制：程序编制见表 2-9。

表 2-9 参考程序

程序内容	程序说明
00001；	程序名称
……	
G03 X40 Z-20 R20 F150；	A 点到 B 点
G01 Z-72；	B 点到 C 点
G03 X58 Z-87 R20；	C 点到 D 点
G01 Z-150；	D 点到 E 点
……	
M5；	主轴停止
M2；	程序结束

2. 5　　固定循环指令及其应用

2.5.1　数控车床常用固定循环指令

1. G90 内外直径的切削循环

（1）直线切削循环：G90 X(U)＿＿＿ Z(W)＿＿＿ F ＿＿＿；

$X(U)$、$Z(W)$：圆柱面切削的终点坐标值，F：切削进给速度。

刀具 1R→2E→3F→4R 路径的循环切削如图 2-15 所示。U 和 W 的正负号在增量坐标程序里是由路径 1 和 2 的方向决定的。

编程实例 1：如图 2-16 所示的编程零点在工件右端面。

（F）进给
（R）快速进给

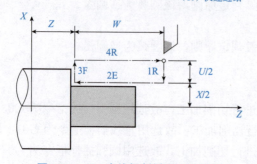 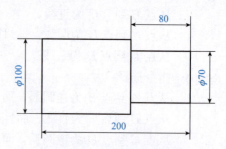

图 2-15　G90 直线切削循环刀具路径　　　　图 2-16　直线切削循环举例

```
......
G0 X105 Z5;              //快速接近工件
G90 X95 Z-80 F0.3;       //第一刀车 5 mm
     X90;                //第一刀车 5 mm
     X85;                //第一刀车 5 mm
     X80;                //第一刀车 5 mm
     X75;                //第一刀车 5 mm
     X70;                //车削到指定尺寸
G00 X150 Z100;           //刀具退到安全位置
M05;                     //主轴停止
M30;                     //程序结束并返回
```

（2）锥体切削循环：G90 X(U)＿＿＿ Z(W)＿＿＿ R ＿＿＿ F ＿＿＿；

$X(U)$、$Z(W)$ 为圆锥面切削的终点坐标值，R 为切削起点与切削终点的半径差。刀具路径如图 2-17 所示。R 正负的判断如图 2-18 所示。

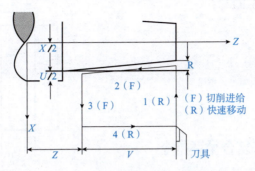

图 2-17 锥体切削循环刀具路径

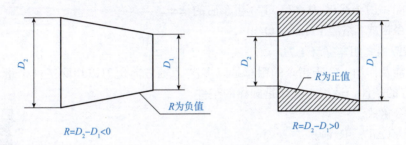

$R=D_2-D_1<0$ $R=D_2-D_1>0$

图 2-18 *R* 为正负的判断示意

如果切削起点的 X 向坐标小于终点的 X 向坐标，R 值为负；反之为正。

编程实例 2：如图 2-19 所示。

……

G00 X70 Z5；

G90 X65 Z-35 R-5 F0.3；

  X60；

  X55；

  X50；

G00 X100 Z100；

……

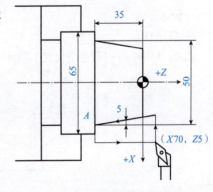

图 2-19 锥体切削循环实例

2. G92 螺纹切削单一循环

（1）直螺纹切削循环：G92 X(U)＿＿ Z(W)＿＿ F ＿＿；

$X(U)$、$Z(W)$ 为螺纹终点坐标值，F 为螺纹导程。螺纹切削的导入、导出控制同 G32。在使用 G92 前，只需要把刀具定位到一个合适的起点位置（X 方向处于退刀位置），执行 G92 时系统会自动把刀具定位到所需的切深位置。而 G32 则不行，起点位置的 X 方向必须处于切入位置。

（2）编程实例：如图 2-20 所示的加工螺纹。

……

G00 X30 Z3；

```
G92 X26.05 Z-22.5 F1.5;
X25.45;
X25.09;
X24.99;
G00 X50 Z100;
......
```

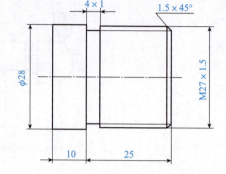

2.5.2 数控车床复合循环指令

1. 精加工循环 G70

图 2-20　螺纹切削单一循环实例

（1）功能：用于 G71、G72、G73 粗车后的精车。

（2）指令格式：G70 P(ns)　Q(nf)。

2. 外圆/内孔粗车循环 G71

（1）功能及作用。G71 指令的粗车是以多次 Z 轴方向走刀以切除工件余量，为精车提供一个良好的条件，适用于毛坯是圆棒的工件。

（2）指令格式。

```
G71　U(Δd)　R(e)；
G71　P(ns)　Q(nf)　U(Δu)　W(Δw)　F_　S_　T_；
N(P)······
······
N(Q)······
```

数控车削径向及
仿形粗车复合
循环指令

该指令的执行过程如图 2-21 所示。

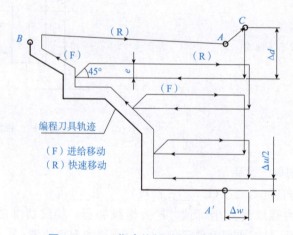

图 2-21　G71 指令执行过程及参数意义

刀具起始点为 A，假设在某段程序中指定了 $A \rightarrow A' \rightarrow B$ 的精加工路线，只要用 G71 指令，就可以实现切削深度为 Δd，精加工余量为 $\Delta u/2$ 和 Δw 的粗加工循环。首先以切削深度 Δd 在与 Z 轴平行的部分进行直线加工，最后刀具执行锥线加工指令完成锥面加工。

(3)参数说明。

1)U(Δd)：每刀车削深度(背吃刀量)，半径值，无正负号。该参数为模态值，直到指定另一个值前保持不变。

2)R(e)：每刀退刀量。该参数为模态值，直到指定另一个值前保持不变。

3)P(ns)：指定精加工路线的第一个程序段顺序号。

4)Q(nf)：指定精加工路线的最后一个程序段顺序号。

5)U(Δu)：X 轴方向精加工预留量的距离及方向(直径值)。

6)W(Δw)：Z 轴方向精加工预留量的距离及方向。

7)F、S、T：粗车过程中从程序段号 P 到 Q 之间包括的任何 F、S、T 功能都被忽略，只有 G71 指令中指定的 F、S、T 功能有效。

8)N(P)～N(Q)：程序段号 P 到 Q 之间的程序段定义 $A \rightarrow A' \rightarrow B$ 之间的移动轨迹。在 P 和 Q 之间的程序段不能调用子程序。

9)指令中 Q 用于指定循环结束的程序段号。若没有指定 Q，则当执行到 M99 指令时，循环也结束。若既无 Q，又无 M99 指令，则执行到程序结束。

(4)G70、G71 编程应用实例(图 2-22)。

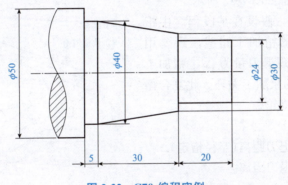

图 2-22　G70 编程实例

```
……
N70    G00    X50    Z2;           //刀具快速走到粗车循环起始点
N80    G71    U2    R1;            //定义 G71 粗车循环
N90    G71    P100    Q150    U0.5    W0.1    F0.3;
N100   G0    X24    F0.1;          //加工轮廓起点
N110   G1    Z0;
N120   Z-20;
N130   X30;
N140   X40    Z-50;
N150   Z-55;                       //加工轮廓终点
N160   G00    X60    Z100;         //返回换刀点
N170   M05;
N180   M00;
```

N190	T0202；	//换精车刀
N200	M03；	
N210	G00　X55　Z5；	//刀具快速走到粗车循环起始点
N220	G70　P100　Q150；	//粗车后的精车削
N230	G00　X60　Z100 M05；	//返回换刀点
N240	M30；	

3. 固定形状循环 G73

（1）功能。本功能用于重复切削一个逐渐变换的固定形式，用本循环，可有效地切削一个用粗加工锻造或铸造等方式已经加工成型的工件。

（2）指令格式。

G73　U(Δi)　W(Δk)　R(d)；

G73　P(ns)　Q(nf)　U(Δu)　W(Δw)　F(f)　S(s)　T(t)；

N(ns)······

······沿 $A A'B$ 的程序段号

N(nf)······

该指令的执行过程如图 2-23 所示。

刀具起始点为 A，假设在某段程序中指定了由 $A \to A' \to B$ 的精加工路线，只要用 G73 指令，就可以实现退刀量为 Δi、精加工余量为 $\Delta u/2$ 和 Δw 的粗加工循环。此复合循环，每刀都是平行最终轮廓。

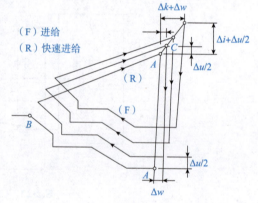

图 2-23　G73 指令执行过程及参数意义

（3）参数说明。

1）Δi：X 轴方向退刀距离（半径指定）。

2）Δk：Z 轴方向退刀距离。

3）d：分割次数，这个值与粗加工重复次数相同。

4）ns：精加工形状程序的第一个段号。

5）nf：精加工形状程序的最后一个段号。

6）Δu：X 方向精加工预留量的距离及方向（直径）。

7）Δw：Z 方向精加工预留量的距离及方向。

（4）编程实例（图 2-24）。

······

G00 X64 Z2；

G73 U10 W1 R5；

G73 P1 Q2 U0.5 W0.1 F0.25；

N1 G0 X18 Z1；

G1 X24 Z-1 F0.1；

　　　W-18；

　　U1；

```
    U5   W-15;
         Z-40;
G3 X42 W-6 R6;
N2 Z-57;
G0 X64 Z100 M05;
......
```

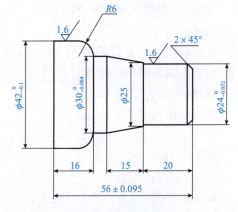

图 2-24   G73 编程实例

4. 切槽循环 G75

（1）功能。该功能可以用于端面间断加工，有利于加工过程中的断屑与排屑，一般用于外圆沟槽的断续加工。

（2）指令格式。

G75   R(e);

G75   X(U) _   Z(W) _   P(Δi)   Q(Δk)   R(Δd)   F;

该指令的执行过程如图 2-25 所示。

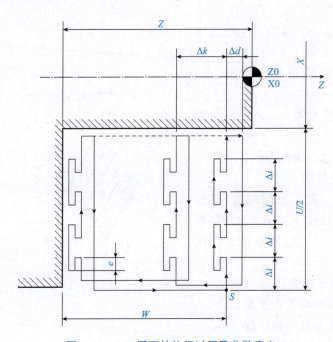

图 2-25   G75 循环的执行过程及参数意义

（3）参数说明。

1）R(e)：每刀退刀量。该参数为模态值，直到指定另一个值前保持不变，单位为 mm。

2）X(U)：沟槽底径的 X 轴终点坐标。X 为绝对值；U 为增量值，单位为 mm。

3）Z(W)：沟槽底径的 Z 轴终点坐标。Z 为绝对值；W 为增量值，单位为 mm。

4）P(Δi)：每次切槽的深度，半径值，单位为 μm。

5）Q(Δk)：切槽刀再一次切入工件时，Z 方向车刀的移动量，单位为 μm。

6）R(Δd)：切深至沟槽底部后，刀具的逃离量，切槽时通常为"0"，单位为 mm。

7)F：指切削进给率或进给速度，单位为 mm/r 或 mm/min，取决于该指令前面程序段的设置。

若在该指令中省略 Z(W)、Q 和 R 值，而仅 X 方向进刀，则可用于车削窄槽切削循环。

(4)编程实例(图 2-26)。

设：切槽刀宽为 4 mm。

……

N210　G00　X45　Z-14；

N220　G75　R2；

N230　G75　X20　Z-25　P3000　Q3000　R0　F0.2；

N240　G00　X80　Z100；

……

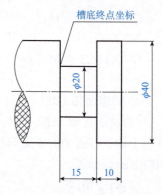

图 2-26　切槽循环实例

5. 螺纹切削复合循环 G76

(1)功能及作用。该复合循环用于螺纹切削。

(2)指令格式。

G76　P(m)　R(r)　E(a)　Q(Δdmin)　R(d)；

G76　X(u)　Z(w)　R(i)　P(k)　Q(Δd)　F(L)；

(3)参数说明(部分参数如图 2-27 所示)。

1)P(m)：精整次数(1～99)，为模态值。

2)R(r)：倒角量，为模态值。

3)E(a)：刀尖角度。

4)Q(Δdmin)：最小切削深度(半径值，单位为 0.001 mm)。当第 n 次切削深度$(\Delta d_n - \Delta d_{n-1})$小于 Δd_{min} 时，则切削深度设定为 Δd_{min}。

5)R(d)：精加工余量。

6)X(u)：螺纹终点 X 向坐标。

7)Z(w)：螺纹终点 Z 向坐标。

8)R(i)：螺纹部分的半径差，含义及方向同 G09、G92，当 $i=0$ 时为直螺纹。

9)P(k)：螺纹高度(半径值，单位为 0.001 mm)。

10)Q(Δd)：第一刀的切削深度(半径值，单位为 0.001 mm)。

11)F(L)：螺纹导程。

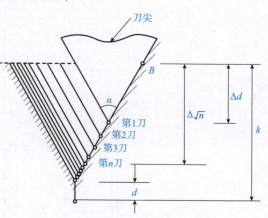

图 2-27　G76 螺纹切削复合循环指令

(4)编程实例(图 2-28 加工螺纹)。

……

G00 X50 Z3；

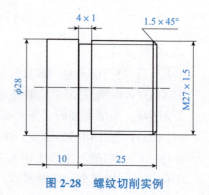

图 2-28　螺纹切削实例

G76 P010060 Q200 R0.1；
G76 X24.99 Z-22.5 P960 Q500 F1.5；
G00 X50 Z100；
……

| 2.6 | 编制加工工艺卡片 |

活动一 编制典型轴类零件加工工艺卡片

学一学：

某工厂要求生产如图 2-29 所示的轴类零件，该零件材料为铝棒料，现为该零件制定其加工工艺卡片。

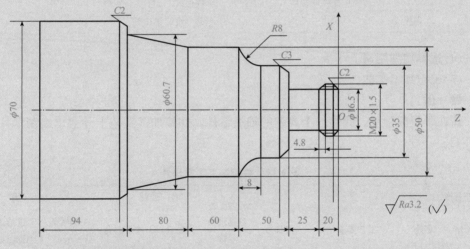

图 2-29 轴类零件切削实例

(1)零件图分析。在数控机床上加工一个如图 2-29 所示的轴类零件，该零件由外圆柱面、外圆锥面、圆弧面、螺纹构成，外形较复杂，毛坯尺寸为 $\phi72$ mm×360 mm，其材料为铝棒料。

(2)确定工件的装夹方式。由于该工件是一个实心轴类零件，并且轴的长度较短，所以，采用工件的右端面 $\phi72$ mm 外圆作为定位基准。使用普通三爪自定心卡盘夹紧工件，取工件的右端面中心作为工件坐标系的原点，对刀点选在(150，60)处。

(3)确定数控加工刀具。根据零件的外形和加工要求，选用如下刀具：T01 号 45°端面车刀、T02 号 90°外圆粗车刀、T03 号 90°外圆精车刀、T04 号螺纹车刀、T05 号切断刀。以 T01 号刀具为基准，分别将其与 4 把刀的位置偏差测出来并进行补偿，具体见表 2-10。

表 2-10　数控加工工艺卡片

零件名称		典型轴类零件加工工艺卡片				数量	12	年　月
工序	名称	工艺要求	刀具号	刀具规格名称	数量	加工内容	主轴转速/(r·min⁻¹)	进给速度/(mm·min⁻¹)
1	下料	φ72 mm×360 mm 棒料12根			12	毛坯加工		
2	普通车	车削外圆至 φ70 mm			12	粗车外圆		
3	数控车	工步　工步内容						
		1　车端面	T01	45°外圆偏刀	1	车端面	450	0.25
		2　自右向左粗车外轮廓	T02	90°外圆偏刀	1	粗车轮廓	650	0.3
		3　自右向左精车外轮廓	T03	90°外圆偏刀	1	精车轮廓	650	0.3
		4　车槽	T05	切断刀	1	切断	600	0.1
		5　车螺纹	T04	螺纹车刀	1	车螺纹	600	1.5
		6　切断，并保证总长	T05	切断刀	1	切断	600	0.1
编制	审核			共　页，第　页				

（4）选择切削用量。

（5）确定加工工艺。

做一做：

请在学校教学中，找寻一个典型的轴类零件，并按加工工艺卡片要求编制卡片，见表2-11。

表 2-11　数控加工工艺卡片

零件名称						数量		年　月
工序	名称	工艺要求	刀具号	刀具规格名称	数量	加工内容	主轴转速/(r·min⁻¹)	进给速度/(mm·min⁻¹)
1								
2								
3		工步　工步内容						
		1						
		2						
		3						
		4						
		5						
		6						
编制	审核			共　页，第　页				

活动二 编制典型轴类零件加工程序单

学一学：

编制图 2-30 所示的轴类零件加工程序单。

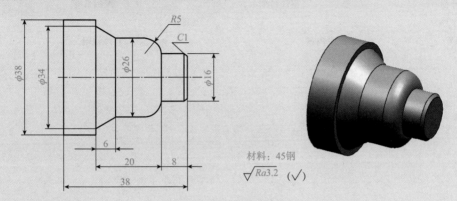

材料：45钢
$\sqrt{Ra3.2}$ $(\sqrt{})$

图 2-30 轴类零件加工图

加工程序单见表 2-12。

表 2-12 加工程序单

零件号	001		零件名称		编制日期	
程序号		O0205		编制		
序号		程序内容			程序说明	
1	O0205；			程序名		
2	G99　G40　G21；			每转进给、公制		
3	T0101；			建立工件坐标系		
4	G00　X100.0　Z100.0；			快速接近工作		
5	M03　S600；			主轴正转，转速 600 r/min		
6	G00　X42.0　Z2.0；			快速定位至粗车循环起点		
7	G71　U1.0　R0.3；			粗车循环，指定进刀与退刀量		
8	G71　P100　Q200　U0.3　W0.0　F0.2；			指定循环所属的首、末程序段，精车余量与进给量，其转速由前面程序段指定		
9	N100　G00　X14.0；			也可用 G01 进刀，不能出现 Z 坐标字		
10	G01　Z0.0　F0.1　S1200；			精车时的进给量和转速		
11	X16.0　Z-1.0；					
12	Z-8.0；					
13	G03　X26.0　Z-13.0　R8.0；					
14	G01　Z-24.0；					
15	X34.0　Z-30.0；					
16	X38.0；					
17	Z-40.0；					
18	N200　G01　X42.0；					
19	G00　X100.0　Z100.0；					
20	M30；			程序结束		

做一做：

请在教师的指导下，找寻一个典型的轴类零件，并按加工工艺编制加工程序单，见表2-13。

表 2-13　加工程序单

零件号		零件名称		编制日期	
程序号			编制		
序号	程序内容			程序说明	
1					
2					
3					
4					
5					
6					
7					

想一想：

机械加工工艺规程是规定零件制造工艺过程和操作方法的技术文件。在数控加工的工艺设计中必须注意到哪些细节问题？如果忽视这些问题，会造成怎样的后果？

_____

_____

_____

_____

任务实施

任务工单

姓名		班级		日期	

任务描述：

加工如图2-31所示的工件。毛坯直径为55 mm，长度为100 mm。

任务要求：

(1)编写加工工艺卡；

(2)确定工件的装夹方式；

(3)正确选择刀具，切削用量。

任务分组：

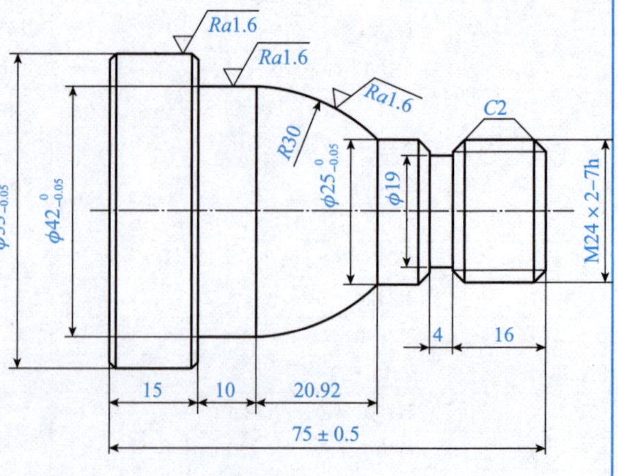

图 2-31　工件

续表

任务计划：

任务实施：

任务评价

项目	内容	配分	评分要求	得分
认识数控编程技术基础	知识目标（40分）	10	数控机床的分类方法，少一种扣5分，扣完为止	
		10	数控机床的种类，少一种扣5分，扣完为止	
		20	制造技术的概念、组成、特点和发展方向，错一题扣5分，扣完为止	
	技能目标（45分）	10	GROB数控加工中心的主要型号，不正确一处扣5分，扣完为止	
		10	GROB G700加工中心的主要组成部分，不正确一处扣5分，扣完为止	
		15	GROB G700加工中心的工作过程，不正确一处扣5分，扣完为止	
		10	GROB G700加工中心的工业应用领域，不正确一处扣5分，扣完为止	
	职业素养、职业规范与安全操作（15分）	5	未穿工作服，扣5分	
		5	违规操作或操作不当，损坏工具，扣5分	
		5	工作台表面遗留工具、零件，操作结束工具未能整齐摆放，扣5分	
		总分		

思考与练习

一、判断题

1. 对几何形状不复杂的零件，自动编程的经济性好。　　（　）
2. 数控加工程序的顺序段号必须顺序排列。　　（　）
3. 增量尺寸指机床运动部件坐标尺寸值相对于前一位置给出。　　（　）
4. G00快速点定位指令控制刀具沿直线快速移动到目标位置。　　（　）

5. 用直线段或圆弧段去逼近非圆曲线，逼近线段与被加工曲线交点称为基点。

（　　）

6. 主轴的正反转是辅助功能。　　　　　　　　　　　　　　　　　　　　　（　　）

7. 工件坐标系的原点即编程零点，与工件基准点一定要重合。　　　　　　（　　）

8. 数控机床的进给速度指令为 G 代码指令。　　　　　　　　　　　　　　（　　）

9. 数控机床采用了笛卡尔坐标系，各轴的方向是用右手来判断的。　　　　（　　）

10. 地址符 N 与 L 的作用是一样的，都是表示程序段。　　　　　　　　　（　　）

二、选择题

1. 下列指令属于准备功能字的是（　　）。

    A. G01　　　　　　B. M08　　　　　　C. T01　　　　　　D. S500

2. 根据加工零件图样选定的编制零件程序的原点是（　　）。

    A. 机床原点　　　　B. 编程原点　　　　C. 加工原点　　　　D. 刀具原点

3. 通过当前的刀位点来设定加工坐标系的原点，不产生机床运动的指令是（　　）。

    A. G54　　　　　　B. G53　　　　　　C. G55　　　　　　D. G92

4. 用来指定圆弧插补的平面和刀具补偿平面为 XY 平面的指令是（　　）。

    A. G16　　　　　　B. G17　　　　　　C. G18　　　　　　D. G19

5. 主轴逆时针方向旋转的指令代码是（　　）。

    A. G03　　　　　　B. G04　　　　　　C. G05　　　　　　D. G06

6. 程序结束并复位的指令代码是（　　）。

    A. M02　　　　　　B. M03　　　　　　C. M30　　　　　　D. M00

7. 辅助功能 M00 的作用是（　　）。

    A. 条件停止　　　　B. 无条件停止　　　C. 程序结束　　　　D. 单程序段结束

8. 一般取产生切削力的主轴轴线为（　　）。

    A. X 轴　　　　　B. Y 轴　　　　　C. Z 轴　　　　　D. C 轴

9. 数控机床的旋转轴之一 B 轴是绕（　　）旋转的轴。

    A. X 轴　　　　　B. Y 轴　　　　　C. Z 轴　　　　　D. W 轴

10. 以下指令中，（　　）是辅助功能。

    A. M03　　　　　　B. G90　　　　　　C. X25　　　　　　D. S700

11. 根据 ISO 标准，数控机床在编程时采用（　　）规则。

    A. 刀具相对静止，工件运动　　　　　　B. 工件相对静止，刀具运动

    C. 按实际运动情况确定　　　　　　　　D. 按坐标系确定

12. 确定机床 X、Y、Z 坐标时，规定平行于机床主轴的刀具运动坐标为（　　），取刀具远离工件的方向为（　　）方向。

    A. X 轴；正　　　B. Y 轴；正　　　C. Z 轴；正　　　D. Z 轴；负

13. 不同的数控系统（　　）。

    A. 程序的格式不相同，G 代码不相同　　B. 程序的格式不相同，G 代码相同

    C. 程序格式相同，G 代码相同　　　　　D. 程序格式相同，G 代码不相同

14. 用于主轴旋转速度控制的代码是（　　）。

    A. T　　　　　　　B. G　　　　　　　C. S　　　　　　　D. H

15. 数控机床用 T 代码的是指(　　)。

　　A. 主轴功能　　　　B. 辅助功能　　　C. 进给功能　　　D. 刀具功能

16. 程序中的"字"由(　　)组成。

　　A. 地址符和程序段　　　　　　　　B. 程序号和程序段

　　C. 地址符和数字　　　　　　　　　D. 字母"N"和数字

17. 数控机床的编程的基准是(　　)。

　　A. 机床零点　　　　　　　　　　　B. 机床参考点

　　C. 工件原点　　　　　　　　　　　D. 机床参考点及工件原点

三、简答题

1. 数控机床加工程序的编制步骤有哪些?

2. 数控机床加工程序的编制方法有哪些? 它们分别适用于什么场合?

3. 用 G92 程序段设置的加工坐标系原点在机床坐标系中的位置是否不变?

4. 如何选择一个合理的编程原点?

5. 何为 F 代码? 何为 T 代码?

6. 常用的数控车刀具有哪些?

7. 数控车刀的参数对加工有什么影响?

8. 如何对刀?

9. 什么是基点? 什么是节点? 它们在零件轮廓上的数目如何确定?

10. 常用的固定循环指令有哪些?

数控机床是一种能够实现自动化加工的机床,其核心技术之一就是插补。一个零件的轮廓往往是多种多样的,有直线,有圆弧,也有可能是任意曲线、样条线等。数控机床的刀具往往是不能以曲线的实际轮廓走刀的,而是近似地以若干条很小的直线走刀。数控系统的刀具补偿功能是用来补偿刀具实际安装位置(或实际刀尖圆弧半径)与理论编程位置(或刀尖圆弧半径)之差的一种功能。使用刀具补偿功能后,改变刀具,只需要改变刀具位置补偿值,而不必变更零件加工程序。本项目将详细介绍数控机床的插补原理与刀具补偿原理。

大国工匠案例三

学习目标

知识目标:

1. 了解插补的概念和常用的插补方法;
2. 理解逐点比较插补法的工作原理;
3. 理解刀具补偿原理与加减速控制。

能力目标:

1. 能够掌握数控机床逐点比较法的插补原理;
2. 能够掌握数控刀具补偿的测量和设置。

素养目标:

1. 具有认真、严谨的工作作风;
2. 具有良好的职业道德。

项目分析

插补就是根据零件轮廓尺寸,结合精度和工艺等方面的要求,按照一定的数学方法在理想的轨迹或轮廓的已知点之间确定一些中间点,从而逼近理想的工件外形轮廓。也就是说,CNC系统得到的输入信息(G代码)并不是一条完整的直线或圆弧上面的密集的坐标点,而是一些能表征相关曲线的特征参数,然后根据这些特征参数来自动地计算出这些曲线上的坐标点,从而完成插补功能。由于数控程序是针对刀具上的某一点,按工件轮廓尺寸编制的,但实际加工中的车刀,由于工艺或其他要求,刀尖往往不是一理想点,而是一段圆弧。这种由于刀尖不是一理想点而是一段圆弧造成的加工误差,可用刀具补偿来消除。

内容概要

在数控机床中，刀具是一步一步移动的。刀具(或机床的运动部件)的最小移动量称为一个脉冲当量。脉冲当量是刀具所能移动的最小单位。在数控机床的实际加工中，被加工工件的轮廓形状千差万别，各不相同。严格来说，为了满足几何尺寸精度的要求，刀具中心轨迹应该准确地按照工件的轮廓形状生成。然而，对于简单的曲线，数控装置易于实现，但对于较复杂的形状，若直接生成，势必会使算法变得很复杂，计算机的工作量也相应地大大增加。在实际应用中，常常采用一小段直线或圆弧逼近(或称为拟合)所要加工的曲线。因此，刀具不能严格地按照所加工曲线运动，而只能用折线近似地取代所需加工的零件轮廓。为了更清楚地认识数控系统的插补原理与刀具补偿原理，本项目涉及的知识点如下：

(1)数控系统的插补原理与补偿原理；

(2)逐点比较插补法；

(3)数字积分插补法；

(4)数字增量插补法；

(5)刀具补偿原理与加减速控制。

3.1　数控系统的插补原理与补偿原理

3.1.1　插补的概念

所谓插补，是指数据密化的过程，数控系统根据给定的数学函数，在理想的轨迹或轮廓上的已知点之间进行数据点的密化来确定一些中间点的方法。

在数控系统中，完成插补运算的装置叫作插补器。根据插补器的结构可分为硬件插补器和软件插补器两种类型。

早期的硬件数控(NC)系统都采用硬件的数字逻辑电路来完成插补工作，称为硬件插补器。它主要由数字电路构成，其插补运算速度快，但灵活性差，不易更改，结构复杂，成本高。在以硬件为基础的数控系统中，数控装置采用了电压脉冲作为插补点坐标增量输出，其中每一脉冲都在相应的坐标轴上产生一个基本长度单位的运动。在这种系统中，一个脉冲 P 对应着一个基本长度单位。这些脉冲可驱动开环控制系统中的步进电动机，也可驱动闭环控制系统中的直流伺服电动机。每发送一个脉冲，工作台相对刀具移动一个基本长度单位(脉冲当量)。脉冲当量的大小决定了加工精度，发送给每一坐标轴的脉冲数目决定了相对运动距离，而脉冲的频率代表了坐标轴的速度。

在计算机数控(CNC)系统中，由软件(程序)完成插补工作的装置，称为软件插补器。软件插补主要由微处理器组成。通过编程就可完成不同的插补任务，这种插补器结构简单，灵活多变。

现代计算机数控(CNC)系统为了满足插补速度和插补精度越来越高的要求，采用软件与硬件相结合的方法，由软件完成粗插补，由硬件完成精插补。

3.1.2　常用插补方法

根据输出信号方式的不同，软件插补方法可分为脉冲插补法和数字增量插补法两类。

脉冲插补法是模拟硬件插补的原理，它把每次插补运算产生的指令脉冲输出到伺服系统，以驱动工作台运动。每发出一个脉冲，工作台就移动一个基本长度单位，即脉冲当量。输出脉冲的最大速度取决于执行一次运算所需的时间。该方法虽然插补程序比较简单，但进给速度受到一定的限制，因此，用在进给速度不是很高的数控系统或开环数控系统中。脉冲插补法最常用的是逐点比较插补法和数字积分插补法。

使用数字增量插补法的数控系统，其位置伺服通过计算机及检测装置构成闭环，插补结果输出的不是脉冲，而是数据。计算机定时地对反馈回路采样，得到的采样数据与插补程序所产生的指令数据相比较后，用误差信号输出驱动伺服电动机。各系统的采样周期不尽相同，一般取10 ms左右。采样周期太短，计算机来不及处理，而周期太长会损失信息从而影响伺服精度。这种方法所产生的最大进给速度不受计算机最大运算速度的限制，但插补程序比较复杂。

另外，还有一种硬件和软件相结合的插补方法。把插补功能分别分配给软件插补器和硬件插补器。软件插补器完成粗插补，即将加工轨迹分为大的程序段；硬件插补器完成精插补，进一步密化数据点，完成程序段的加工。该法对计算机的运算速度要求不高，并可余出更多的存储空间以存储零件程序，而且响应速度和分辨率都比较高。

根据被插补曲线的形式进行分类，插补方法可分为直线插补法、圆弧插补法、抛物线插补法、高次曲线插补法等。大多数数控机床只有直线插补、圆弧插补功能。实际的零件廓形可能既不是直线也不是圆弧。这时，必须先对零件廓形进行直线-圆弧拟合，用多段直线和圆弧近似地替代零件轮廓，然后才能进行加工。

3.2　逐点比较插补法

所谓逐点比较插补法，就是每走一步都要和给定轨迹上的坐标值比较一次，看实际加工点在给定轨迹的什么位置：上方还是下方，或是在给定轨迹的外面还是里面，从而决定下一步的进给方向。走步方向总是向着逼近给定轨迹的方向，如果实际加工点在给定轨迹的上方，下一步就向给定轨迹的下方走；如果实际加工点在给定轨迹的里面，下一步就向给定轨迹的外面走。如此每走一步，算一次偏差，比较一次，决定下一步的走向，以逼近给定轨迹，直至加工结束。

逐点比较插补法是以阶梯折线来逼近直线和圆弧等曲线的。它与规定的加工直线或圆弧之间的最大误差不超过一个脉冲当量，因此，只要把脉冲当量取得足够小，就可满足加工精度的要求。

在逐点比较插补法中，每进给一步都必须进行偏差判别、坐标进给、偏差计算和终点判断4个节拍。图3-1所示为逐点比较法工作循环图。下面分别介绍逐点比较法直线插补和圆弧插补的原理。

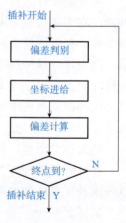

图3-1　逐点比较法
工作循环图

3.2.1　逐点比较法直线插补

1. 偏差函数

以 xy 平面第 I 象限为例，如图 3-2 所示。OA 是要插补的直线，加工的起点坐标为原点 O，终点 A 的坐标为 $A(x_a，y_a)$。直线 OA 的方程为

$$y=\frac{y_a}{x_a}x$$

设点 $P(x_i，y_i)$ 为任一加工点，若点 P 正好位于直线 OA 上，则

$$y_i=\frac{y_a}{x_a}x_i$$

即

$$x_ay_i-x_iy_a=0$$

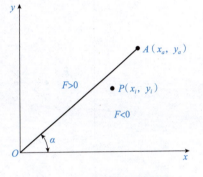

图 3-2　逐点比较法直线插补

若加工点 P 在直线 OA 的上方（严格地说，在直线 OA 与 y 轴所成夹角区域内），那么下述关系成立：

$$x_ay_i-x_iy_a>0$$

若加工点 P 在直线 OA 的下方（严格地说，在直线 OA 与 x 轴所成夹角区域内），那么下述关系成立：

$$x_ay_i-x_iy_a<0$$

设偏差函数为

$$F(x，y)=x_ay_i-x_iy_a \tag{3-1}$$

综合以上分析，可把偏差函数与刀具位置的关系归结为表 3-1。

表 3-1　逐点比较直线插补偏差函数与刀具位置的关系

$F(x，y)$	刀具位置
>0	直线上方
=0	直线上
<0	直线下方

2. 进给方向与偏差计算

插补前刀具位于直线的起点 O。由于点 O 在直线上，由表 3-1 可知，这时的偏差值为零，即

$$F_0=0 \tag{3-2}$$

设某时刻刀具运动到点 $P_1(x_i，y_i)$，该点的偏差函数为

$$F_i=x_ay_i-x_iy_a \tag{3-3}$$

若偏差函数 F_i 大于 0，由表 3-1 可知，这时刀具位于直线上方，如图 3-3(a) 所示。为了使刀具向直线靠近，并向直线终点进给，刀具应沿 x 轴正向走一步，到达点 $P_2(x_{i+1}，y_{i+1})$。点 P_2 的坐标由下式计算：

$$\begin{cases} x_{i+1}=x_i+1 \\ y_{i+1}=y_i \end{cases}$$

刀具在点 P_2 处的偏差值为

$$F_{i+1}=x_ay_{i+1}-x_{i+1}y_a=x_ay_i-(x_i+1)y_a=(x_ay_i-x_iy_a)-y_a$$

把上式简化成

$$F_{i+1}=F_i-y_a \tag{3-4}$$

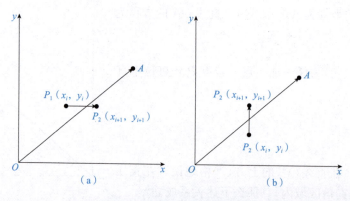

图 3-3　直线插补的进给方向

(a)$F_i>0$；(b)$F_i<0$

若偏差函数 F_i 等于 0，由表 3-1 可知，这时刀具位于直线上。但刀具仍沿 x 轴正向走一步，到达点 P_2。偏差值计算与 F_i 大于 0 相同。

若偏差函数 F_i 小于 0，由表 3-1 可知，这时刀具位于直线下方，如图 3-3(b)所示。为了使刀具向直线靠近，并向直线终点进给，刀具应沿 y 轴正向走一步，到达点 $P_2(x_{i+1}$，$y_{i+1})$。点 P_2 的坐标由下式计算：

$$\begin{cases}x_{i+1}=x_i\\y_{i+1}=y_i+1\end{cases}$$

刀具在点 P_2 处的偏差值为

$$F_{i+1}=x_ay_{i+1}-x_{i+1}y_a=x_a(y_i+1)-x_iy_a=(x_ay_i-x_iy_a)+x_a$$

把上式简化成

$$F_{i+1}=F_i+x_a \tag{3-5}$$

式(3-2)~式(3-5)组成了偏差值的递推计算公式。与直接计算法[式(3-1)]相比，递推法只用加/减法，不用乘/除法，计算简便，速度快。递推法只用到直线的终点坐标，因而，在插补过程中不需要计算和保留刀具的瞬时位置。这样减少了计算工作量、缩短了计算时间，有利于提高插补速度。

直线插补的坐标进给方向与偏差计算方法见表 3-2。

表 3-2　直线插补的坐标进给方向与偏差计算方法

偏差函数	进给方向	偏差计算
$F_i\geqslant0$	$+x$	$F_{i+1}=F_i-y_a$
$F_i<0$	$+y$	$F_{i+1}=F_i+x_a$

3. 终点判断

由于插补误差的存在，刀具的运动轨迹有可能不通过直线的终点 $A(x_a, y_a)$。因此，不能把刀具坐标与终点坐标相等作为终点判断的依据。

可以根据刀具沿 x、y 两轴所走的总步数来判断直线是否加工完毕。刀具从直线起点 O(图 3-2)移动到直线终点 $A(x_a, y_a)$，沿 x 轴应走的总步数为 x_a，沿 y 轴应走的总步数为 y_a。那么，加工完直线 OA，刀具沿两坐标轴应走的总步数为

$$N = x_a + y_a \tag{3-6}$$

在逐点比较插补法中，每进行一个插补循环，刀具或者沿 x 轴走一步，或者沿 y 轴走一步。也就是说，插补循环数 i 与刀具沿 x、y 轴已走的总步数相等。这样，就可根据插补循环数 i 与刀具应走的总步数 N 是否相等来判断终点，即直线加工完毕的条件为

$$i = N \tag{3-7}$$

4. 插补程序

图 3-4 所示是逐点比较法直线插补的流程。图中 i 是插补循环数，F_i 是第 i 个插补循环中偏差函数的值，(x_a, y_a) 是直线的终点坐标，N 是完成直线加工刀具沿 x、y 轴应走的总步数。插补时钟的频率为 f，它用于控制插补的节奏。

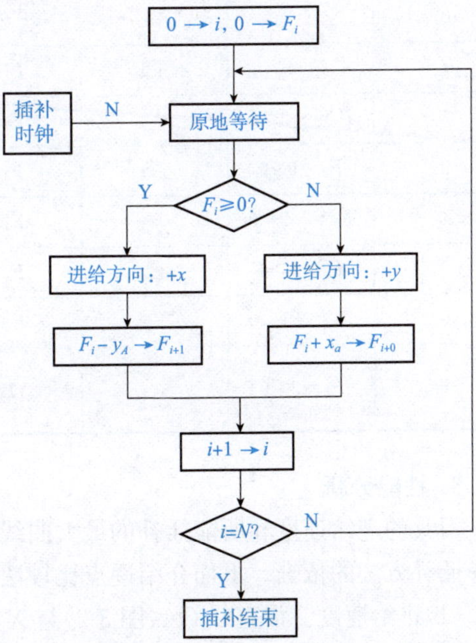

插补前，刀具位于直线的起点，即坐标原点，因此偏差值 F_0 为 0。因为还没有开始插补，所以插补循环数 i 也为 0。在每个插补循环的开始，插补器先进入"等待"状态。插补时钟发出一个脉冲后，插补器结束等待状态，向下运行。这样，插补时钟每发一个脉冲，就触发插补器进行一个插补循环，从而可用插补时钟控制插补速度，也控制了刀具进给速度。

插补器结束"等待"状态后，先进行偏差判别。由表 3-2 可知，若偏差值 F_i 大于等于 0，刀具的进给方向应为 $+x$，进给后偏差值成为 $F_i - y_a$；若偏差值 F_i 小于 0，刀具的进给方向应为 $+y$，进给后的偏差值为 $F_i + x_a$。

进行了一个插补循环后，插补循环数 i 应增加 1。

最后进行终点判别。由式(3-7)可知，若插补循环数 i 小于 N，说明直线还没插补完毕，应继续进行插补；否则，表明直线已加工完毕，应结束插补工作。

【例 3-1】 图 3-5 中的 OA 是要加工的直线。直线的起点在坐标原点，终点为 $A(4, 3)$。试用逐点比较法对该直线进行插补，并画出插补轨迹。

解： 插补完这段直线刀具沿 x，y 轴应走的总步数为

$$N = x_a + y_a = 4 + 3 = 7$$

图 3-4 直线插补程序

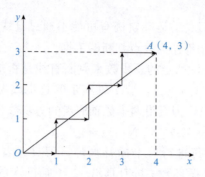

图 3-5　逐点比较法直线插补轨迹

插补运算过程见表 3-3。

表 3-3　逐点比较法直线插补运算过程

插补循环	偏差判别	进给方向	偏差计算	终点判别
0			$F_0=0$，$x_a=4$，$y_a=3$	$i=0$，$N=7$
1	$F_0=0$	$+x$	$F_1=F_0-y_a=0-3=-3$	$i=0+1=1<N$
2	$F_1=-3<0$	$+y$	$F_2=F_1+x_a=-3+4=1$	$i=1+1=2<N$
3	$F_2=1>0$	$+x$	$F_3=F_2-y_a=1-3=-2$	$i=2+1=3<N$
4	$F_3=-2<0$	$+y$	$F_4=F_3+x_a=-2+4=2$	$i=3+1=4<N$
5	$F_4=2>0$	$+x$	$F_5=F_4-y_a=2-3=-1$	$i=4+1=5<N$
6	$F_5=-1<0$	$+y$	$F_6=F_5+x_a=-1+4=3$	$i=5+1=6<N$
7	$F_6=3>0$	$+x$	$F_7=F_6-y_a=3-3=0$	$i=6+1=7=N$ 到达终点

5. 性能分析

刀具的进给速度和所能插补的最大曲线尺寸，是评定插补方法的两个重要指标，也是选择插补方法的依据。下面介绍逐点比较法直线插补的两个指标。

（1）进给速度。设直线 OA（图 3-2）与 X 轴的夹角为 α，长度为 l。加工该段直线时，刀具的进给速度为 v，插补时钟频率为 f。加工完直线 OA 所需的插补循环总数目为 N。那么，刀具从直线起点进给到直线终点所需的时间为 l/v。完成 N 个插补循环所需的时间为 N/f。由于插补与加工是同步进行的，因此，以上两个时间应相等，即

$$\frac{l}{v}=\frac{N}{f}$$

由此得到刀具的进给速度 v 为

$$v=\frac{l}{N}f \tag{3-8}$$

插补完成直线 OA 所需的总循环数与刀具沿 x、y 轴应走的总步数可用式(3-6)计算：

$$N=x_a+y_a=l\cos\alpha+l\sin\alpha$$

把上式代入式(3-8)，得到刀具速度的计算公式：

$$v = \frac{f}{\cos\alpha + \sin\alpha} \qquad (3-9)$$

从式(3-9)可知，刀具的进给速度 v 与插补时钟频率 f 成正比，与 α 的关系如图3-6所示。在保持插补时钟频率不变的前提下，刀具的进给速度会随着直线倾角的不同而变化：加工 0° 或 90° 倾角的直线时，刀具的进给速度最大为 f；加工 45° 倾角的直线时，刀具的进给速度最小，约为 $0.7f$。

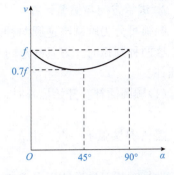

图 3-6　逐点比较法中刀具的速度

(2)能插补的最大直线尺寸。设插补器所用寄存器的长度为 n 位。把其中的一位用于寄存偏差值的 ± 号，则偏差函数的最大绝对值应满足下式：

$$|F_{\max}| \leqslant 2^{n-1} - 1$$

由偏差函数的递推计算过程(表3-2)可知，偏差函数的最大绝对值为 x_a 或 y_a。因而，直线的终点坐标 (x_a, y_a) 应满足下式：

$$\begin{cases} x_a \leqslant 2^{n-1} - 1 \\ y_a \leqslant 2^{n-1} - 1 \end{cases}$$

若寄存器的长度为 8 位，则直线的纵、横终点坐标最大值为 127。若寄存器长度为 16 位，则直线终点坐标最大值为 32 767。

3.2.2　圆弧插补

1. 偏差函数

如图 3-7 所示，$\overset{\frown}{AB}$ 是要插补的圆弧，圆弧的圆心在坐标原点，半径为 R，起点为 $A(x_a, y_a)$，终点为 $B(x_b, y_b)$。点 $P(x, y)$ 表示某时刻刀具的位置。

圆弧插补时，偏差函数的定义为

$$F = \overline{OP}^2 - R^2 \qquad (3-10)$$

$\overline{OP}$ 表示 O、P 两点的距离

$$\overline{OP} = \sqrt{x^2 + y^2}$$

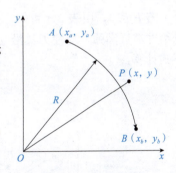

图 3-7　圆弧插补

将上式代入式(3-10)，得到偏差函数的计算公式：

$$F = x^2 + y^2 - R^2 \qquad (3-11)$$

若刀具在圆外，则 $\overline{OP}$ 大于 R，偏差函数大于 0；若刀具在圆上，则 $\overline{OP}$ 等于 R，偏差函数等于 0；若刀具在圆内，则 $\overline{OP}$ 小于 R，偏差函数小于 0。表 3-4 所示为偏差函数与刀具位置的关系。

表 3-4　偏差函数与刀具位置的关系

偏差函数	刀具位置
>0	在圆外
=0	在圆上
<0	在圆内

2. 进给方向与偏差计算

圆弧可分为顺圆与逆圆两种。与时钟指针走向一致的圆弧称为顺圆；反之称为逆圆。加工这两种圆弧时，刀具的走向不同，偏差计算的过程也不同。下面分别介绍这两种圆弧的插补。

（1）顺圆插补。开始插补时，刀具位于圆弧的起点 A，由式(3-11)计算偏差值为

$$F_0 = x_a^2 + y_a^2 - R^2$$

因 A 是圆弧上一点，由表 3-4 可知：

$$F_0 = 0 \qquad (3\text{-}12)$$

设某时刻刀具运动到点 $P_1(x_i, y_i)$，由式(3-11)可知，这时的偏差值为

$$F_i = x_i^2 + y_i^2 - R^2 \qquad (3\text{-}13)$$

若 $F_i \geqslant 0$，由表 3-4 可知，这时刀具位于圆外或圆上，如图 3-8(a)所示。为使刀具向终点 B 进给并靠近圆弧，应使刀具沿 y 轴负向走一步，到达点 $P_2(x_{i+1}, y_{i+1})$。点 P_2 的坐标由下式计算：

$$\begin{cases} x_{i+1} = x_i \\ y_{i+1} = y_i - 1 \end{cases}$$

刀具在点 P_2 的偏差值为

$$F_{i+1} = x_{i+1}^2 + y_{i+1}^2 - R^2 = x_i^2 + (y_i - 1)^2 - R^2$$
$$= (x_i^2 + y_i^2 - R^2) - 2y_i + 1$$

将式(3-13)代入上式，简化为

$$F_{i+1} = F_i - 2y_i + 1 \qquad (3\text{-}14)$$

若 $F_i < 0$，由表 3-4 可知，这时刀具位于圆内，如图 3-8(b)所示。为使刀具向终点 B 进给并靠近圆弧，应使刀具沿 x 轴正向走一步，到达点 $P_2(x_{i+1}, y_{i+1})$。点 P_2 的坐标由下式计算：

$$\begin{cases} x_{i+1} = x_i + 1 \\ y_{i+1} = y_i \end{cases}$$

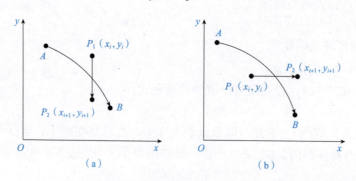

图 3-8　顺圆插补的进给方向

(a)$F_i \geqslant 0$；　(b)$F_i < 0$

刀具在点 P_2 的偏差值为

$$F_{i+1} = x_{i+1}^2 + y_{i+1}^2 - R^2 = (x_i + 1)^2 + y_i^2 - R^2$$
$$= (x_i^2 + y_i^2 - R^2) + 2x_i + 1$$

将式(3-13)代入上式，简化为

$$F_{i+1}=F_i+2x_i+1 \tag{3-15}$$

式(3-12)～式(3-15)组成了顺圆插补偏差值的递推计算公式。与偏差函数的直接计算式(3-11)相比，递推计算法运算只用加减法(乘2可用两次加来实现)，不用乘法或乘方，计算简单，运算速度快。

顺圆插补的计算过程见表3-5。

表3-5　顺圆插补的计算过程

偏差情况	进给方向	偏差计算	坐标计算
$F_i \geqslant 0$	$-y$	$F_{i+1}=F_i-2y_i+1$	$x_{i+1}=x_i$，$y_{i+1}=y_i-1$
$F_i < 0$	$+x$	$F_{i+1}=F_i+2x_i+1$	$x_{i+1}=x_i+1$，$y_{i+1}=y_i$

(2)逆圆插补。设某时刻刀具运动到点 $P_1(x_i，y_i)$，这时的偏差函数为

$$F_i=x_i^2+y_i^2-R^2 \tag{3-16}$$

若 $F_i \geqslant 0$，这时刀具位于圆外或圆上，如图3-9(a)所示。为使刀具向终点 B 进给并靠近圆弧，应使刀具沿 x 轴负向走一步，到达点 $P_2(x_{i+1}，y_{i+1})$。点 P_2 的坐标由下式计算：

$$\begin{cases} x_{i+1}=x_i-1 \\ y_{i+1}=y_i \end{cases}$$

刀具在点 P_2 的偏差值为

$$F_{i+1}=x_{i+1}^2+y_{i+1}^2-R^2=(x_i-1)^2+y_i^2-R^2$$
$$=(x_i^2+y_i^2-R^2)-2x_i+1$$

将式(3-16)代入上式，简化为

$$F_{i+1}=F_i-2x_i+1 \tag{3-17}$$

若 $F_i < 0$，这时刀具位于圆内，如图3-9(b)所示。为使刀具向终点 B 进给并靠近圆弧，应使刀具沿 y 轴正向走一步，到达点 $P_2(x_{i+1}，y_{i+1})$。点 P_2 的坐标由下式计算：

$$\begin{cases} x_{i+1}=x_i \\ y_{i+1}=y_i+1 \end{cases}$$

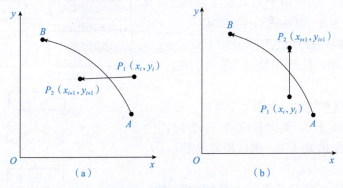

图3-9　逆圆插补的进给方向

(a)$F_i \geqslant 0$；(b)$F_i < 0$

刀具在点 P_2 的偏差值为

$$F_{i+1}=x_{i+1}^2+y_{i+1}^2-R^2=x_i^2+(y_i+1)^2-R^2$$
$$=(x_i^2+y_i^2-R^2)+2y_i+1$$

将式（3-16）代入上式，简化为

$$F_{i+1}=F_i+2y_i+1 \qquad\qquad (3\text{-}18)$$

式（3-16）～式（3-18）组成了逆圆插补偏差值的递推计算公式。

逆圆插补的计算过程见表 3-6。

表 3-6　逆圆插补的计算过程

偏差情况	进给方向	偏差计算	坐标计算
$F_i \geqslant 0$	$-x$	$F_{i+1}=F_i-2x_i+1$	$x_{i+1}=x_i-1$，$y_{i+1}=y_i$
$F_i < 0$	$+y$	$F_{i+1}=F_i+2y_i+1$	$x_{i+1}=x_i$，$y_{i+1}=y_i+1$

3. 终点判别

如图 3-7 所示，圆弧 $\overset{\frown}{AB}$ 是要加工的曲线，它的起点为 $A(x_a，y_a)$，终点为 $B(x_b，y_b)$。加工完这段圆弧，刀具沿 x 轴应走 $|x_b-x_a|$ 步，沿 y 轴应走 $|y_b-y_a|$ 步，沿两个坐标轴应走的总步数为

$$N=|x_b-x_a|+|y_b-y_a| \qquad\qquad (3\text{-}19)$$

该公式对逆圆和顺圆都是适用的。

当插补循环数 i 与 N 相等时，即

$$i=N \qquad\qquad (3\text{-}20)$$

说明圆弧已加工完毕。

4. 插补程序

（1）顺圆插补。逐点比较法顺圆插补的程序框图如图 3-10 所示。图中 i 是插补循环数；F_i 是偏差函数；$(x_i，y_i)$ 是刀具坐标；N 是加工完圆弧刀具沿 x、y 轴应走的总步数。

开始插补时，插补循环数 i 等于 0，刀具位于圆弧的起点 $A(x_a，y_a)$。由于刀具位于圆弧上，因此，偏差值 F_0 为 0。N 由式（3-19）确定。

经过初始化后，程序进入"等待"状态。插补时钟发出的脉冲，使程序结束"等待"状态，继续向下运行。

接着，进行偏差判别。由表 3-5 可知，若偏差函数 F_i 大于或等于 0，则刀具应沿 $-y$ 方向走一步；若偏差函数 F_i 小于 0，则应使刀具沿 $+x$ 方向走一步。

进给后，应计算出刀具在新位置的偏差值 F_{i+1} 及新坐标 $(x_{i+1}，y_{i+1})$。

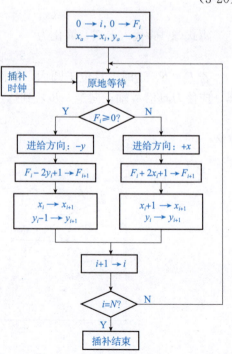

图 3-10　逐点比较法顺圆插补的程序框图

进行了一个插补循环后，插补循环数应加1。

最后进行终点判别。若插补循环数 i 小于 N，则表明圆弧还没有加工完，应继续进行插补；若插补循环数 i 等于 N，则说明圆弧已加工完毕，插补工作结束。

【例 3-2】 图 3-11 所示的 AB 是要加工的圆弧。圆弧的起点为 $A(3，4)$，终点为 $B(5，0)$。试对该段圆弧进行插补，并画出刀具的运动轨迹。

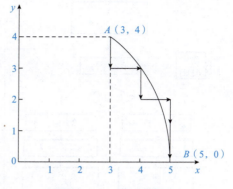

图 3-11　顺圆插补轨迹

解： 加工完这段圆弧，刀具沿 x、y 轴应走的总步数为

$$N=|x_b-x_a|+|y_b-y_a|=|5-3|+|0-4|=6$$

AB 为顺圆插补，插补过程见表 3-7。刀具的运动轨迹如图 3-11 所示。

表 3-7　逐点比较法圆弧插补例

插补循环	偏差情况	进给方向	偏差计算	坐标计算	终点判别
0			$F_0=0$	$x_0=x_a=3$ $y_0=y_a=4$	$i=0$
1	$F_0=0$	$-y$	$F_1=F_0-2y_0+1$ $=0-2\times4+1=-7$	$x_1=x_0=3$ $y_1=y_0-1=3$	$i=0+1<N$
2	$F_1=-7<0$	$+x$	$F_2=F_1+2x_1+1$ $=-7+2\times3+1=0$	$x_2=x_1+1=4$ $y_2=y_1=3$	$i=1+1<N$
3	$F_2=0$	$-y$	$F_3=F_2-2y_2+1$ $=0-2\times3+1=-5$	$x_3=x_2=4$ $y_3=y_2-1=2$	$i=2+1<N$
4	$F_3=-5<0$	$+x$	$F_4=F_3+2x_3+1$ $=-5+2\times4+1=4$	$x_4=x_3+1=5$ $y_4=y_3=2$	$i=3+1<N$
5	$F_4=4>0$	$-y$	$F_5=F_4-2y_4+1$ $=4-2\times2+1=1$	$x_5=x_4=5$ $y_5=y_4-1=1$	$i=4+1<N$
6	$F_5=1>0$	$-y$	$F_6=F_5-2y_5+1$ $=1-2\times1+1=0$	$x_6=x_5=5$ $y_6=y_5-1=0$	$i=5+1=N$ 到达终点

（2）逆圆插补。逐点比较法逆圆插补程序框图如图 3-12 所示。图中的符号与图 3-10 中符号的意义完全相同。

【例 3-3】 图 3-13 所示的圆弧 AB 是要加工的逆圆。圆弧的起点为 $A(5，0)$，终点为 $B(3，4)$。试对该段圆弧进行插补，并画出插补轨迹。

解： 加工完这段圆弧，刀具沿 x、y 轴应走的总步数为

$$N=|x_b-x_a|+|y_b-y_a|=|3-5|+|4-0|=6$$

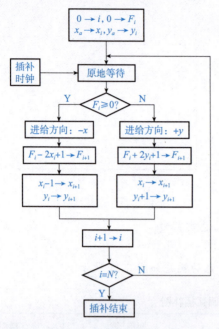

图 3-12　逐点比较法逆圆插补的程序框图

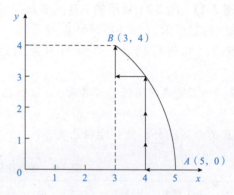

图 3-13　逆圆插补轨迹

AB 为逆圆插补，插补过程见表 3-8。刀具的运动轨迹如图 3-13 所示。

表 3-8　逐点比较法圆弧插补例

插补循环	偏差情况	进给方向	偏差计算	坐标计算	终点判别
0			$F_0=0$	$x_0=x_a=5$ $y_0=y_a=0$	$i=0$
1	$F_0=0$	$-x$	$F_1=F_0-2x_0+1$ $=0-2\times5+1=-9$	$x_1=x_0-1=4$ $y_1=y_0=0$	$i=0+1<N$
2	$F_1=-9<0$	$+y$	$F_2=F_1+2y_1+1$ $=-9+2\times0+1=-8$	$x_2=x_1=4$ $y_2=y_1+1=1$	$i=1+1<N$
3	$F_2=-8<0$	$+y$	$F_3=F_2+2y_2+1$ $=-8+2\times1+1=-5$	$x_3=x_2=4$ $y_3=y_2+1=2$	$i=2+1<N$
4	$F_3=-5<0$	$+y$	$F_4=F_3+2y_3+1$ $=-5+2\times2+1=0$	$x_4=x_3=4$ $y_4=y_3+1=3$	$i=3+1<N$
5	$F_4=0$	$-x$	$F_5=F_4-2x_4+1$ $=0-2\times4+1=-7$	$x_5=x_4-1=3$ $y_5=y_4=3$	$i=4+1<N$
6	$F_5=-7<0$	$+y$	$F_6=F_5+2y_5+1$ $=-7+2\times3+1=0$	$x_6=x_5=3$ $y_6=y_5+1=4$	$i=5+1=N$ 到达终点

5. 性能分析

（1）进给速度。如图 3-14 所示，P 是圆弧 AB 上的一点，l 是圆弧在 P 点处的切线，切线与 x 轴的夹角为 α。在点 P 附近的很小范围内，切线 l 与圆弧非常接近。在这个范围内，对圆弧的插补和对切线的插补，刀具速度基本相等。因此，对圆弧进行插补时，刀具在 P 点的速度也可用式(3-9)计算，如图 3-6 所示。其中，α 是圆弧上 P 点的切线与 x 轴的夹角，也是连线 OP 与 y 轴的夹角，如图 3-14 所示。

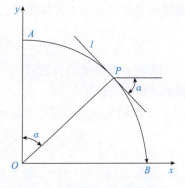

图 3-14　圆弧插补的速度分析

以上分析说明，圆弧插补在插补时钟保持不变的情况下，刀具的进给速度是变化的，在坐标轴附近($\alpha \approx 0°$ 或 $\alpha \approx 90°$)，刀具速度最大，约为 f。在第一象限的中部($\alpha \approx 45°$)，刀具速度最小，约为 $0.7f$。刀具速度的这种变化，可能对零件的加工质量带来不利的影响，加工时应注意到这个问题。

(2)加工的最大圆弧尺寸。由偏差函数的递推计算过程(表 3-5 和表 3-6)可知，偏差函数的最大值为

$$F_{\max} = 2x_i + 1 \text{ 或 } F_{\max} = 2y_i + 1$$

设 Z 等于圆弧起点 $A(x_a, y_a)$ 和终点 $B(x_b, y_b)$ 坐标中最大的一个值，即

$$Z = \max(x_a, y_a, x_b, y_b)$$

因为刀具坐标(x_i, y_i)总是在圆弧起点和终点坐标之间变化，所以偏差函数的最大值为

$$F_{\max} = 2Z + 1$$

若偏差函数寄存器的长度有 n 位，将其中的最高位用于"$\pm$"号位，则偏差函数的最大允许值为

$$F_{\max} = 2Z + 1 \leqslant 2^{n-1} - 1$$

由此可得

$$Z = \max(x_a, y_a, x_b, y_b) \leqslant 2^{n-2} - 1$$

即圆弧起点和终点坐标的最大值为 $2^{n-2} - 1$。

由于圆弧的起点和终点坐标总小于或等于圆弧半径 R，因此，在实际工作中为了方便，可按下式确定圆弧半径：

$$R \leqslant 2^{n-2} - 1$$

3.3　数字积分插补法

数字积分插补法又称数学微分分析法，简称 DDA(Digital Differential Analyzer)法，它利用数字积分的原理，计算刀具沿坐标轴的位移，使刀具沿着所加工的轨迹运动。数字积分插补法具有运算速度快、脉冲分配均匀、易实现多坐标联动等优点。所以，在轮廓控制数控系统中得到广泛应用。

3.3.1　DDA 的基本原理

由高等数学可知，求函数 $y = f(t)$ 对 t 的积分运算，从几何概念上讲，就是求此函数

曲线所包围的面积 F，如图 3-15 所示，即

$$F = \int_a^b y\,\mathrm{d}t = \lim_{n \to \infty} \sum_{i=0}^{n-1} y(t_{i+1} - t_i)$$

若把自变量的积分区间 $[a，b]$ 等分成许多有限的小区间 Δt（其中 $\Delta t = t_{i+1} - t_i$），这样，求面积 F 可以转化成求有限个小区间面积之和，即

$$F = \sum_{i=0}^{n-1} \Delta F_i = \sum_{i=0}^{n-1} y_i \Delta t$$

在数字运算时，Δt 一般取最小单位"1"，即一个脉冲当量，则

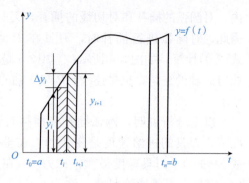

图 3-15　函数的积分

$$F = \sum_{i=0}^{n-1} y_i$$

由此可见，函数的积分运算变成变量的求和运算。当所选取的积分间隔 Δt 足够小时，则用求和运算代替求积运算，所引起的误差可以不超过允许的值。

3.3.2　DDA 直线插补

在 xy 平面上对直线 OA 进行插补，直线的起点在坐标原点 O，终点为 $A(x_a，y_a)$，如图 3-16 所示。

假定 v_x 和 v_y 分别表示动点在 x 和 y 方向的移动速度，则在 x 和 y 方向的移动距离微小增量 Δx 和 Δy 应为

$$\begin{cases} \Delta x = v_x \Delta t \\ \Delta y = v_y \Delta t \end{cases} \tag{3-21}$$

对直线函数来说，v_x 和 v_y 是常数，则

$$\frac{v_x}{x_a} = \frac{v_y}{y_a} = k \tag{3-22}$$

式中，k 为比例系数。

图 3-16　DDA 直线插补

在 Δt 时间内，x 和 y 位移增量的参数方程为

$$\begin{cases} \Delta x = v_x \Delta t = k x_a \Delta t \\ \Delta y = v_y \Delta t = k y_a \Delta t \end{cases} \tag{3-23}$$

因此，动点从原点走向终点的过程可以看作各坐标每经过一个单位时间间隔 Δt 分别以增量 $k x_a$ 和 $k y_a$ 同时累加的结果。经过 m 次累加后，x 和 y 分别都到达终点 $A(x_a，y_a)$，则

$$\begin{cases} x = \sum_{i=1}^{m} (k x_a) \Delta t = m k x_a = x_a \\ y = \sum_{i=1}^{m} (k y_a) \Delta t = m k y_a = y_a \end{cases}$$

则

$$mk = 1$$

或

$$m = \frac{1}{k}$$

上式表明，比例系数 k 和累加次数 m 的关系互为倒数。因为 m 必须是整数，所以 k 一定是小数。在选取 k 时主要考虑每次增量 Δx 或 Δy 应不大于 1，以保证坐标轴上每次分配进给脉冲不超过一个单位步距，即

$$\begin{cases} \Delta x = kx_a < 1 \\ \Delta y = ky_a < 1 \end{cases} \qquad (3\text{-}24)$$

式中，x_a 和 y_a 的最大容许值受寄存器的位数 n 的限制，最大值为 2^n-1，所以由式(3-24)得

$$k(2^n-1) < 1$$

即

$$k < \frac{1}{2^n-1}$$

一般取

$$k = \frac{1}{2^n}$$

则有

$$m = \frac{1}{k} = 2^n \qquad (3\text{-}25)$$

式(3-25)说明 DDA 直线插补的整个过程要经过 2^n 次累加才能到达直线的终点。

当 $k = \frac{1}{2^n}$ 时，对二进制数来说，kx_a 与 x_a 的差别只在于小数点的位置不同，将 x_a 的小数点左移 n 位，即 kx_a。因此，在 n 位的内存中存放 x_a（x_a 为整数）和存放 kx_a 的数字是相同的，只是认为后者的小数点出现在最高位数 n 的前面。这样，对 kx_a 与 x_a 的累加就分别可转变为对 x_a 与 y_a 的累加。

数字积分法插补器的关键部件是累加器和被积函数寄存器，每个坐标方向都需要一个累加器和一个被积函数寄存器。以插补 xy 平面上的直线为例，一般情况下，插补开始前，累加器清零，被积函数寄存器分别寄存 x_a 和 y_a；插补开始后，每发出一个累加脉冲 Δt，被积函数寄存器的坐标值在相应的累加器中累加一次，累加后的溢出作为驱动相应坐标轴的进给脉冲 Δx 或 Δy，而余数仍寄存在累加器中；当脉冲源发出的累加脉冲数 m 恰好等于被积函数寄存器的容量 2^n 时，溢出的脉冲数等于以脉冲当量为最小单位的终点坐标，表明刀具运行到终点。

数字积分法直线插补的终点判别比较简单。由以上的分析可知，插补一直线段时只需完成 $m=2^n$ 次累加运算，即可到达终点位置。因此，可以将累加次数 m 是否等于 2^n 作为终点判别的依据，只要设置一个位数也为 n 位的终点计数寄存器，用来记录累加次数，当计数器记满 2^n 个数时，停止插补运算。

用软件实现数字积分法直线插补时，在内存中设立几个存储单元，分别存放 x_a 及其累加值 $\sum x_a$ 和 y_a 及其累加值 $\sum y_a$。在每次插补运算循环过程中进行以下求和运算：

$$\sum x_a + x_a \rightarrow \sum x_a$$
$$\sum y_a + y_a \rightarrow \sum y_a$$

用运算结果溢出的脉冲 Δx 和 Δy 来控制机床进给，就可走出所需的直线轨迹。数字积分法插补第一象限直线的程序流程图如图 3-17 所示。

【例 3-4】 设直线 OA 的起点在原点 $O(0,0)$，终点为 $A(8,6)$，采用四位寄存器，试写出直线 OA 的 DDA 插补过程，并画出插补轨迹。

解： 由于采用四位寄存器，所以累加次数 $m = 2^4 = 16$。

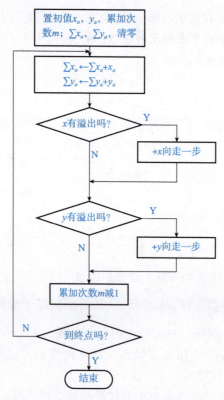

图 3-17　DDA 直线插补流程图

插补运算过程见表 3-9，插补轨迹如图 3-18 所示。

表 3-9　DDA 直线插补运算过程

累加次数 m	x 积分器			y 积分器			点计数器 J_E	备注
	J_{Vx}（存 x_a）	J_{Rx}（$\sum x_a$）	溢出 Δx	J_{Vy}（存 y_a）	J_{Ry}（$\sum y_a$）	溢出 Δy		
0	1000	0	0	0110	0	0	0000	初始状态
1		1000	0		0110	0	0001	第一次迭代
2		0000	1		1100	0	0010	Δx 溢出一个脉冲
3		1000	0		0010	1	0011	Δy 溢出一个脉冲
4		0000	1		1000	0	0100	Δx 溢出一个脉冲
5		1000	0		1110	0	0101	
6		0000	1		0100	1	0110	Δx，Δy 同时溢出
7		1000	0		1010	0	0111	
8		0000	1		0000	1	1000	Δx，Δy 同时溢出
9		1000	0		0110	0	1001	
10		0000	1		1100	0	1010	Δx 溢出一个脉冲
11		1000	0		0010	1	1011	Δy 溢出一个脉冲

累加次数 m	x 积分器			y 积分器			点计数器 J_E	备注
	J_{Vx}(存 x_a)	J_{Rx}($\sum x_a$)	溢出 Δx	J_{Vy}(存 y_a)	J_{Ry}($\sum y_a$)	溢出 Δy		
12		0000	1		1000	0	1100	Δx 溢出一个脉冲
13		1000	0		1110	0	1101	
14		0000	1		0100	1	1110	Δx、Δy 同时溢出
15		1000	0		1010	0	1111	
16		0000	1		0000	1	0000	J_E 为零，插补结束

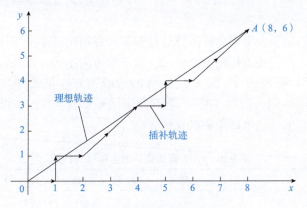

图 3-18 DDA 直线插补轨迹

以上仅讨论了数字积分法插补第一象限直线的原理和计算公式。当插补其他象限的直线时，一般将其他各象限直线的终点坐标均取绝对值。这样，它们的插补计算公式和插补流程图与插补第一象限直线时一样，而脉冲进给方向总是直线终点坐标绝对值增加的方向。

3.3.3 DDA 圆弧插补

以第一象限逆圆弧为例，说明 DDA 圆弧插补原理。如图 3-19 所示，设刀具沿半径为 R 的圆弧 AB 移动，刀具沿圆弧切线方向的进给速度为 v，$P(x_i, y_i)$ 为动点，则有如下关系式：

$$\frac{v}{R} = \frac{v_x}{y_i} = \frac{v_y}{x_i} = k$$

当刀具沿圆弧切线方向匀速进给，即 v 为恒定时，可以认为 k 为常数。

在一个单位时间间隔 Δt 内，x 和 y 位移增量的参数方程可表示为

$$\begin{cases} \Delta x = v_x \Delta t = k y_i \Delta t \\ \Delta y = v_y \Delta t = k x_i \Delta t \end{cases} \tag{3-26}$$

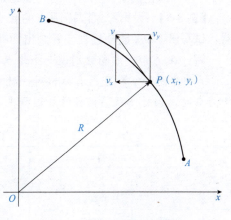

图 3-19 DDA 圆弧插补原理

依照直线插补的方法，也用两个积分器来实现圆弧插补。但必须注意 DDA 圆弧插补与直线插补的区别。具体如下：

(1)坐标值 x_i、y_i 存入被积函数寄存器 J_{V_x}、J_{V_y} 的对应关系与直线不同，恰好位置互调，即 y_i 存入 J_{V_x}，而 x_i 存入 J_{V_y}。

(2)被积函数寄存器 J_{V_x}、J_{V_y} 寄存的数值与直线插补时还有一个本质的区别：直线插补时 J_{V_x}、J_{V_y} 寄存的是终点坐标，x_a 或 y_a 是常数；而在圆弧插补时寄存的是动点坐标，x_i 或 y_i 是变量。因此，在刀具移动过程中必须根据刀具位置的变化来更改寄存器 J_{V_x}、J_{V_y} 中的内容。在起点时，J_{V_x}、J_{V_y} 分别寄存起点坐标值 y_0、x_0；在插补过程中，J_{R_0} 每溢出一个 Δy 脉冲，J_{V_x} 寄存器应该加"1"；反之，当 J_{R_x} 溢出一个 Δx 脉冲时，J_{V_y} 应该减"1"。减"1"的原因是刀具在做逆圆运动时 x 坐标做负方向进给，动点坐标不断减少。

对于其他象限的顺圆、逆圆插补运算过程和积分器结构基本上与第一象限逆圆弧是一致的，其区别在于，控制各坐标轴的 Δx、Δy 的进给方向不同，以及修改 J_{V_x}、J_{V_y} 内容时是加"1"还是减"1"，需要由 x_i 和 y_i 坐标值的增减而定，见表 3-10。表中 SR1、SR2、SR3、SR4 分别表示第一、第二、第三、第四象限的顺圆弧，NR1、NR2、NR3、NR4 分别表示第一、第二、第三、第四象限的逆圆弧。

表 3-10　DDA 圆弧插补时坐标值的修改

参数	SR1	SR2	SR3	SR4	NR1	NR2	NR3	NR4
$J_{V_x}(y_i)$	-1	$+1$	-1	$+1$	$+1$	-1	$+1$	-1
$J_{V_y}(x_i)$	$+1$	-1	$+1$	-1	-1	$+1$	-1	$+1$
Δx	$+$	$+$	$-$	$-$	$-$	$-$	$+$	$+$
Δy	$-$	$+$	$+$	$-$	$+$	$-$	$-$	$+$

数字积分法圆弧插补的终点判别一般采用各轴各设一个终点判别计数器，分别判别其是否到达终点，每进给一步，相应轴的终点判别计数器减 1，当某轴的终点判别计数器减 0 时，该轴停止进给。当各轴的终点判别计数器都减 0 时，表明到达终点，停止插补。

【例 3-5】　设第一象限逆圆弧的起点 A 为(5，0)，终点 B 为(0，5)，采用 3 位寄存器，试写出 DDA 插补过程，并画出插补轨迹。

解：在 x 和 y 方向分别设一个终点判别计数器 E_x、E_y，则 $E_x=5$，$E_y=5$。

x 积分器和 y 积分器有溢出时，就在相应的终点判别计数器中减"1"，当两个计数器均为 0 时，插补结束。插补运算过程见表 3-11，插补轨迹如图 3-20 所示。

表 3-11　DDA 圆弧插补运算过程

累加次数 m	x 积分器			E_x	y 积分器			E_y	备注
	J_{V_x}(存 y_i)	$\sum y_i$ 存余数 J_{R_x}	Δx		J_{V_y}(存 x_i)	$\sum x_i$ 存余数 J_{R_y}	Δy		
0	000	000	0	101	101	000	0	101	初始状态
1	000	000	0	101	101	101	0	101	第一次迭代

续表

累加次数 m	x 积分器			E_x	y 积分器			E_y	备注
	J_{Vx}(存 y_i)	$\sum y_i$ 存余数 J_{Rx}	Δx		J_{Vy}(存 x_i)	$\sum x_i$ 存余数 J_{Ry}	Δy		
2	000	000	0	101	101	010	1	100	y 积分器溢出脉冲，修正 x 积分器的被积函数寄存器
	001								
3	001	001	0	101	101	111	0	100	
4	001	010	0	101	101	100	1	011	y 积分器再次溢出脉冲
	010								
5	010	100	0	101	101	001	1	010	y 积分器再次溢出脉冲
	011								
6	011	111	0	101	101	110	0	010	
7	011	010	1	100	101	011	1	001	x、y 积分器同时溢出脉冲
	100					100			
8	100	110	0	100	100	111	0	001	
9	100	010	1	011	100	011	1	000	y 坐标到达终点，y 积分器停止迭代
	101					011			
10	101	111	0	011	011				
11	101	100	1	001	011				x 积分器溢出脉冲
					010				
12	101	001	1	001	010				x 积分器溢出脉冲
					001				
13	101	110	0	001	001				
14	101	001	1	000	001				x 坐标到达终点，圆弧插补结束
					000				

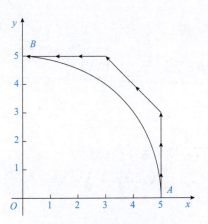

图 3-20 DDA 圆弧插补轨迹图

3.4 数字增量插补法

数据增量插补法又称数据采样插补法，是用一系列首尾相连的微小直线段逼近零件轮廓曲线，多用于进给速度要求较高的闭环系统和半闭环系统。在 CNC 系统中，数字增量插补通常采用时间分割插补算法。它是把加工一段直线或圆弧的整段时间细分为许多相等的时间间隔，称为单位时间间隔，也称插补周期。每经过一个单位时间间隔就进行一次插补计算，计算出在这一时间间隔内各坐标轴的进给量，边计算，边加工，直到加工终点。

数据采样插补一般分两步完成插补，即粗插补和精插补。第一步是粗插补。它是在给定起点和终点的曲线之间插入若干个点，即用若干条微小直线段逼近给定曲线，粗插补在每个插补计算周期中计算一次。第二步是精插补。它是在粗插补计算出的每一条微小直线段上再做"数据点的密化"工作，这一步相当于对直线的脉冲增量插补。粗插补是在每个插补周期内计算出坐标位置增量值，而精插补是在每个采样周期内采样实际位置增量值及插补输出的指令位置增量值，然后求跟随误差。在实际应用中，粗插补通常由软件实现，而精插补既可以用软件也可以用硬件来实现。

3.4.1 插补周期的选择

1. 插补周期与精度和速度的关系

在直线插补时，插补所形成的每个小直线段与给定的直线重合，不会造成轨迹误差。在圆插补时，一般用内接弦线或内外均差弦线逼近圆弧，这种逼近必然会造成轨迹误差。图 3-21 所示是用内接弦线逼近圆弧，其最大半径误差 e_R 与步距角 δ 的关系为

$$e_R = R\left(1 - \cos\frac{\delta}{2}\right) \quad (3-27)$$

将 $\cos\frac{\delta}{2}$ 用幂级数展开，得

$$e_R = \frac{\delta^2}{8}R \quad (3-28)$$

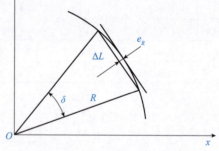

图 3-21 用内接弦线逼近圆弧

由于步距角 δ 很小，则

$$\delta = \frac{\Delta L}{R}$$

又由于进给步长 $\Delta L = Tv$，则最大半径误差为

$$e_R = \frac{\delta^2}{8}R = \frac{\Delta L^2}{8} \cdot \frac{1}{R} = \frac{(Tv)^2}{8} \cdot \frac{1}{R} \quad (3-29)$$

式中　T——插补周期；

　　　v——刀具移动速度；

　　　R——圆弧半径。

由式(3-29)可知，圆弧插补时，插补周期 T 分别与误差 e_R、半径 R 和速度 v 有关。在给定圆弧半径和弦线误差极限的情况下，插补周期应尽可能小，以便获得尽可能大的加工速度。

2. 插补周期与插补运算时间的关系

根据完成某种插补运算法所需的最大指令条数，可以大致确定插补运算所占用的 CPU 时间。一般来说，插补周期 T 必须大于插补运算所占用的微处理器时间与执行其他实时任务所需时间之和。

3. 插补周期与位置反馈采样的关系

插补周期 T 与位置反馈采样周期可以相同，也可以是采样周期的整数倍，其典型值为 2 倍。

例如，FANUC 7M 系统的插补周期为 8 ms、位置反馈采样周期为 4 ms。美国 A-B 公司的 7 360 CNC 系统的插补周期为 10.24 ms；德国 Siemens 公司的 System-7 CNC 系统的插补周期为 8 ms。随着微处理器的运算处理速度越来越快，为了提高 CNC 系统的响应速度和轨迹精度，插补周期将会越来越短。

3.4.2 数据采样插补原理

1. 数据采样直线插补算法

在 xy 平面上对直线 OA 进行插补，直线的起点在坐标原点 $O(0，0)$，终点为 $A(x_a，y_a)$，如图 3-22 所示。刀具移动速度为 v，插补周期为 T，则每个插补周期的进给步长为

$$\Delta L = Tv$$

进给步长 ΔL 在 x 轴和 y 轴的位移增量分别为 Δx 和 Δy，则

$$\begin{cases} \Delta x = \dfrac{\Delta L}{L} x_a = k x_a \\ \Delta y = \dfrac{\Delta L}{L} y_a = k y_a \end{cases} \quad (3\text{-}30)$$

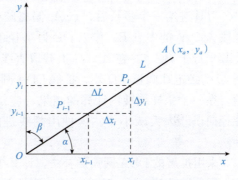

图 3-22　数据采样直线插补法原理

式中，k 为系统，$k = \dfrac{\Delta L}{L}$，其中直线段长度为 $L = \sqrt{x_a^2 + y_a^2}$。

插补第 i 点的动点坐标为

$$\begin{cases} x_i = x_{i-1} + \Delta x = x_{i-1} + k x_a \\ y_i = y_{i-1} + \Delta y = y_{i-1} + k y_a \end{cases} \quad (3\text{-}31)$$

2. 数据采样圆弧插补算法

圆弧插补是在满足精度要求的前提下，用弦或割线进给代替弧进给，即用直线逼近圆弧。由于圆弧是二次曲线，所以其插补点的计算要比直线插补复杂得多。

(1)内接弦线法圆弧插补。图 3-23 所示为一顺时针圆弧，前一个插补点为 $A(x_i，y_i)$，后一个插补点为 $B(x_{i+1}，y_{i+1})$。插补从 A 点到达 B 点，x 轴的坐标增量为 Δx，y 轴的坐标增量为 Δy。内接弦线法实质上是求在一次插补周期内，x 轴和 y 轴的进给量 Δx 和 Δy。

$$\begin{cases} x_i = x_{i-1} + \Delta x \\ y_i = y_{i-1} + \Delta y \end{cases} \tag{3-32}$$

（2）扩展 DDA 圆弧插补。如图 3-24 所示，加工半径为 R 的圆弧 AD。设刀具处在点 $A_{i-1}(x_{i-1}，y_{i-1})$ 的位置，线段 $A_{i-1}A_i$ 是 DDA 圆弧插补后沿切线方向的轮廓进给步长，显然在一个插补周期 T 内，DDA 圆弧插补法刀具的进给步长 $A_{i-1}A_i = \Delta L$。

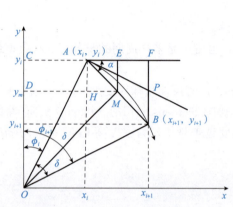

图 3-23　内接弦线法圆弧插补

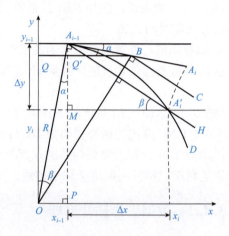

图 3-24　扩展的 DDA 圆弧插补

刀具进给一个步长后，点 A_i 偏离圆弧的要求的轨迹较远，径向误差较大。若通过线段 $A_{i-1}A_i$ 的中点 B，作以 OB 为半径的圆弧切线 BC，再通过点 A_{i-1} 作直线 $A_{i-1}H$；使其平行于 BC，并在 $A_{i-1}H$ 上截取直线段 $A_{i-1}A_i'$ 使 $A_{i-1}A_i' = A_{i-1}A_i = \Delta L$，此时可以证明点 A_i' 必定在圆弧 AD 外。扩展 DDA 圆弧插补就是用线段 $A_{i-1}A_i'$ 代替 $A_{i-1}A_i$ 切线段进给，在一个采样周期内计算的结果，应是刀具从点 A_{i-1} 沿弦线进给到点 A_i'，这样进给使径向误差大大减小了。这种用割线进给代替切线进给的方法称为扩展 DDA 圆弧插补法。

采用扩展的 DDA 圆弧插补法，计算机数控装置只需进行加减法及有限次数的乘法运算，因而计算较方便，速度较快。当插补周期 T、进给速度 v 和加工圆弧的半径 R 相同时，扩展 DDA 圆弧插补法的精度更高。

3.5　刀具补偿原理与加减速控制

数控系统对刀具的控制是以刀架参考点为基准的，编程的轨迹为零件轮廓轨迹，如不做处理，则数控系统仅能控制刀架的参考点实现加工轨迹，但实际上是用刀具的"刀尖"来加工的，这样，需要在刀架的参考点和加工刀具的"刀尖"之间进行位置偏置，这种位置偏置由刀具长度补偿和刀具半径补偿两部分组成。不同类型的机床与刀具，需要考虑的刀具补偿参数也不同。对于车刀，需要两个坐标长度补偿和刀尖半径补偿；对于铣刀，需要刀具长度补偿和刀具半径补偿；对于钻头，只有一个长度补偿。

3.5.1 刀具长度补偿原理

刀具长度补偿用于刀具轴向的进给补偿，它可以使刀具在轴向的实际进刀量比编程给定值增加或减少一个补偿值，即

实际位置＝程序指令值±长度补偿值

数控铣削刀具
长度补偿

在 FANUC 系统中，如果编程使用指令：

G43G00Z＿H＿；

可以将 Z 轴运动的终点向正向偏移一个刀具长度补偿值，也就是说 Z 轴到达的实际位置为程序指令值与长度补偿值相加的位置。刀具长度补偿值等于 H 指令的补偿号存储的补偿值。

如果编程使用指令：

G44G00Z＿H＿；

可以将 Z 轴运动的终点向负向偏移一个刀具长度补偿值，也就是说 Z 轴到达的实际位置为程序指令值与长度补偿值相减的位置。

刀具磨损或损坏后更换新的刀具时不需要更改加工程序，可以直接修改刀具补偿值。取消刀具长度补偿指令用 G49 表示，并使 Z 轴运动到不加补偿值的指令位置。

在 Siemens 系统中，只要调用刀具 T＿号，刀具长度补偿立即生效。刀具长度补偿值等于刀具号 T＿的参数中的长度 l_1 中的补偿值。

在加工中心加工零件时，必须预先把每把刀具的长度补偿值存储在相应的长度补偿号中，加工时执行换刀指令后，根据 H 指令的补偿号，相应地增加或减少一个补偿值，加工出所要求的轨迹。

3.5.2 刀具半径补偿原理

1. 刀具半径补偿的作用

在轮廓加工过程中，由于刀具总有一定的半径，刀具中心的运动轨迹并不等于所需加工零件的实际轮廓。在进行内轮廓加工时，刀具中心偏移零件的内轮廓表面一个刀具半径值。在进行外轮廓加工时，刀具中心又偏移零件的外轮廓表面一个刀具半径值。这种自动偏移计算称为刀具半径补偿。刀具半

数控铣削刀具
半径补偿

径补偿方法主要分为 B 功能刀具半径补偿和 C 功能刀具半径补偿。

现代 CNC 系统都具备完善的刀具半径补偿功能，刀具半径补偿通常不是由程序编制人员完成的，编程人员只是按零件的加工轮廓编制程序，同时使用 G41/G42 指令，使刀具向左侧补偿或向右侧补偿，实际的刀具半径补偿是在 CNC 系统内部由计算机自动完成的。

准备功能 G 代码中的 G40、G41 和 G42 是刀具半径补偿功能指令。G40 用于取消刀具半径补偿，G41 和 G42 用于建立刀具半径补偿。沿着刀具前进方向看，G41 是刀具位于被加工工件轮廓左侧，称为刀具半径左补偿；G42 是刀具位于被加工工件轮廓右侧，称为刀具半径右补偿。图 3-25 所示为刀具半径左补偿 G41/右补偿 G42 方向的判别。

在实际零件轮廓加工过程中，刀具半径补偿的执行过程一般分为以下 3 步：

（1）建立刀具半径补偿。即刀具从起刀点接近工件，由 G41/G42 决定刀具半径补偿方向，刀具中心位于编程轮廓起始点处与轨迹切向垂直且偏离了一个刀具半径值，如图 3-26 所示。

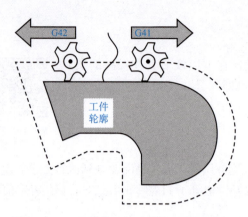

图 3-25　刀具半径左补偿 G41/右补偿 G42

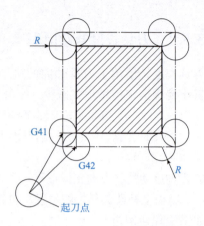

图 3-26　建立刀具半径补偿

（2）进行刀具半径补偿。一旦建立了刀具半径补偿则一直维持该状态，直至被撤销。在刀具半径补偿进行过程中，刀具中心轨迹始终偏离程序轨迹一个刀具半径值的距离。在转接处，采用圆弧过渡或直线过渡。

（3）撤销刀具半径补偿。刀具撤离工件，刀具中心到达编程终点。刀具半径补偿撤销使用 G40 指令，在该程序段中的编程坐标值为刀具中心坐标。

刀具半径补偿仅在指定的二维平面内进行。而平面的选择由 G17（XY 平面）、G18（ZX 平面）和 G19（YZ 平面）指令确定。刀具半径值存储在相应刀具的补偿号 D ＿ 中。

2. B 功能刀具半径补偿

B 功能刀具半径补偿为基本的刀具半径补偿，它根据程序段中零件轮廓尺寸和刀具半径计算出刀具中心的运动轨迹。对于一般的 CNC 装置，所能实现的轮廓控制仅限于直线和圆弧。对直线而言，刀具补偿后的刀具中心轨迹是与原直线相平行的直线，因此，刀具补偿计算只要计算出刀具中心轨迹的起点和终点坐标值。对于圆弧而言，刀具补偿后的刀具中心轨迹是与原圆弧同心的一段圆弧，因此，对圆弧的刀具补偿只需要计算出刀具补偿后圆弧的起点和终点坐标值及刀具补偿后的圆弧半径值。

B 功能刀具半径补偿要求编程轮廓的过渡方式为圆弧过渡，即轮廓线之间以圆弧连接，并且连接处轮廓线必须相切，圆弧过渡必须用专用的指令编程，如图 3-27 所示。切削内轮廓角时，刀具半径应不大于过渡圆弧的半径。

（1）直线的 B 功能刀具半径补偿。如图 3-28 所示，被加工直线段的起点为原点 $O(0,0)$，终点 A 的坐标为 (x, y)，假定上一程序段加工完后，刀具中心在点 O_1 且坐标值已知。刀具半径为 r，现计算刀具补偿后直线 O_1A_1 的终点坐标 (x_1, y_1)。设刀具补偿矢量 AA_1 的投影坐标为 Δx 和 Δy，则

$$\begin{cases} x_1 = x + \Delta x \\ y_1 = y - \Delta y \end{cases} \tag{3-33}$$

由于
$$\angle A_1AK = \alpha$$

则
$$\begin{cases} \Delta x = r\sin\alpha = \dfrac{ry}{\sqrt{x^2 + y^2}} \\ \Delta y = r\cos\alpha = \dfrac{rx}{\sqrt{x^2 + y^2}} \end{cases}$$

数控车削编程
基本指令

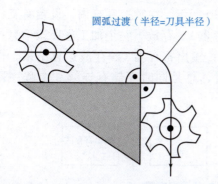

圆弧过渡（半径=刀具半径）

图 3-27　B 功能刀具半径补偿的圆弧过渡

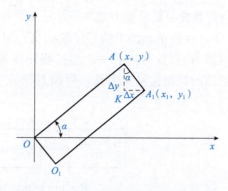

图 3-28　直线的 B 功能刀具半径补偿

得到直线 B 功能刀具半径补偿计算公式

$$
\begin{cases}
x_1 = x + \dfrac{ry}{\sqrt{x^2 + y^2}} \\[2mm]
y_1 = y - \dfrac{rx}{\sqrt{x^2 + y^2}}
\end{cases}
\tag{3-34}
$$

（2）圆弧的 B 功能刀具半径补偿。如图 3-29 所示，设被加工圆弧的圆心坐标为 $O(0, 0)$，圆弧半径为 R，圆弧起点为 $A(x_0, y_0)$，终点为 $B(x_e, y_e)$，刀具半径为 r，$A_1(x_{01}, y_{01})$ 为前一程序段刀具中心轨迹的终点，且坐标为已知。因为是圆角过渡，点 A_1 一定在半径 OA 的延长线上，与 A 点的距离为 r。点 A_1 即本程序段刀具中心轨迹的起点。现在要计算刀具中心轨迹的终点坐标 $B_1(x_{e1}, y_{e1})$ 和半径 R_1。

因为 B_1 在半径 OB 的延长线上，$\triangle OBP$ 与 $\triangle OB_1P_1$ 相似，则

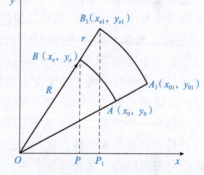

图 3-29　圆弧 B 功能刀具半径补偿

$$
\frac{x_{e1}}{x_e} = \frac{y_{e1}}{y_e} = \frac{R+r}{R}
$$

得到圆弧 B 功能刀具半径补偿计算公式

$$
\begin{cases}
x_{e1} = \dfrac{x_e(R+r)}{R} \\[2mm]
y_{e1} = \dfrac{y_e(R+r)}{R}
\end{cases}
\tag{3-35}
$$

$$
R_1 = R + r \tag{3-36}
$$

3. C 功能刀具半径补偿

由于 B 功能刀具半径补偿只能根据本程序段进行刀具半径补偿计算，不能解决程序段之间的过渡问题，编程人员必须将工件轮廓处理为圆弧过渡，显然很不方便。

C 功能刀具半径补偿则能自动处理两个相邻程序段之间连接（尖角过渡）的各种情况，并直接计算出刀具中心轨迹的转接交点，然后对原来的刀具中心轨迹做伸长或缩短修正，编程人员可完全按工件实际轮廓编程。现代数控机床普遍采用 C 功能刀具半径补偿。

数控系统中 C 功能刀具半径补偿方式如图 3-30 所示。在数控系统内，设置有工作寄存器 AS，存放正在加工的程序段信息；刀补寄存器 CS 存放下一个加工程序段信息；缓冲寄存器 BS 存放着再下一个加工程序段的信息；输出寄存器 OS 存放运算结果，作为伺服系统的控制信号。因此，数控系统在工作时，总是同时存储有连续 3 个程序段的信息。

图 3-30　C 功能刀具半径补偿原理框图

当 CNC 系统启动后，第一段程序首先被读入 BS，在 BS 中计算的第一段编程轨迹被送到 CS 暂存，又将第二段程序读入 BS，计算出第二段的编程轨迹。接着，对第一、第二段编程轨迹的连接方式进行判别，根据判别结果再对 CS 中的第一段编程轨迹作相应的修正，修正结束后，顺序地将修正后的第一段编程轨迹由 CS 送到 AS，第二段编程轨迹由 BS 送入 CS。随后，由 CPU 将 AS 中的内容送到 OS 进行插补运算，运算结果送往伺服机构以完成驱动动作。当修正了的第一段编程轨迹开始被执行后，利用插补间隙，CPU 又命令第三段程序读入 BS，随后又根据 BS、CS 中的第三、第二段编程轨迹的连接方式，对 CS 中的第二段编程轨迹进行修正。如此往复，可见 C 刀补工作状态下，CNC 装置内总是同时存有 3 个程序段的信息，以保证刀补的实现。

在具体实现时，为了便于交点的计算，需要对各种编程情况进行综合分析，从中找出规律。可以将 C 功能刀具半径补偿方法中所有的输入轨迹当作矢量进行分析。显然，直线段本身就是一个矢量，而圆弧将圆弧的起点、终点、半径及起点到终点的弦长都作为矢量。刀具半径也作为矢量，在加工过程中，它始终垂直于编程轨迹，大小等于刀具半径，方向指向刀具圆心。在直线加工时，刀具半径矢量始终垂直于刀具的移动方向；在圆弧加工时，刀具半径矢量始终垂直于编程圆弧的瞬时切点的切线，方向始终在改变。

3.5.3　进给速度计算

1. 开环系统的进给速度计算

在开环系统中，坐标轴运动速度通过控制输出给步进电动机脉冲的频率来实现。每输出一个脉冲，步进电动机就转过一定角度，驱动坐标轴进给一个脉冲相应的距离即脉冲当量 δ mm/脉冲。插补程序根据零件轮廓尺寸和进给速度 F 的编程值向各个坐标轴分配脉冲序列，其中脉冲数提供了位置指令值，而脉冲的频率则确定了坐标轴进给的速度。因此，速度计算则根据编程值 F 来确定这个频率值。

进给速度 F(mm/min)与脉冲频率 f(Hz)有下式关系：

$$F = \delta f \times 60 (\text{mm/min})$$

得到

$$f = \frac{F}{60\delta} = FK$$

其中

$$K = \frac{1}{60\delta}$$

两轴联动时各坐标轴进给速度为

$$\begin{cases} v_x = 60\delta \cdot f_x \\ v_y = 60\delta \cdot f_y \end{cases}$$

(3-37)

式中，f_x、f_y 分别为发给 x、y 轴方向的进给脉冲频率。进给合成速度为

$$F = \sqrt{v_x^2 + v_y^2}$$

(3-38)

要进给速度稳定，故要选择合适的插补算法及采取稳速措施。

2. 闭环和半闭环系统的进给速度计算

在这种系统中采用数据采样插补方法（也就是时间分割法）时，根据编程的 F 值，将轮廓曲线分割为插补周期，即迭代周期的进给量——轮廓子步长的方法。进给速度计算的任务：当直线时，计算出各坐标轴的插补周期的步长；当圆弧时，计算出步长分配系数（角步距）。

（1）直线插补的进给速度计算。直线插补的进给速度计算是为插补程序提供各坐标轴在同一插补周期中的运动步长。一个插补周期的步长为

$$\Delta L = \frac{FT}{60}$$

(3-39)

式中　F——编程给出的合成速度（mm/min）；

　　　T——插补周期（ms）；

　　　ΔL——每个插补周期子线段的长度（μm）。

图 3-31 所示为直线插补的进给速度计算图。

若 x、y 轴在一个插补周期中的步长分别为 Δx、Δy，则

$$\begin{cases} \Delta x = \Delta L \cos\alpha = \dfrac{FT\cos\alpha}{60} \\ \Delta y = \Delta L \sin\alpha = \dfrac{FT\sin\alpha}{60} \end{cases}$$

(3-40)

式中　α——直线与 x 轴的夹角。

（2）圆弧插补的进给速度计算。当圆弧插补时，由于采用的插补方法不同，把速度计算方法的步骤安排在速度计算中还是插补计算中也不相同，故在圆弧插补时，速度计算任务是计算步长分配系数。

图 3-32 所示为圆弧插补的进给速度计算图。坐标轴在一个插补周期内的步长为

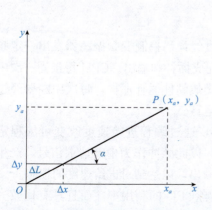

图 3-31　直线插补的进给速度计算图

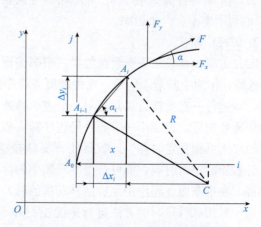

图 3-32　圆弧插补的进给速度计算图

$$\begin{cases} \Delta x_i = \Delta L\cos\alpha_i = \dfrac{FT}{60}\cdot\dfrac{j_{i-1}}{R} = \lambda j_{i-1} \\[2mm] \Delta y_i = \Delta L\sin\alpha_i = \dfrac{FT}{60}\cdot\dfrac{i_{i-1}}{R} = \lambda i_{i-1} \end{cases} \tag{3-41}$$

式中　R——圆弧半径(mm)；

　　　(i_{i-1}, j_{i-1})——圆心 C 相对于第 $i-1$ 点的坐标值(mm)；

　　　α_i——第 i 点与第 $i-1$ 点连线与 x 轴的夹角(确切地说是圆弧上某点切线方向，也即进给速度方向与 x 轴的夹角)；

　　　λ——步长分配系数，$\lambda = \dfrac{FT}{60R}$。

数据处理阶段的任务就是计算步长分配系数 λ，它与圆弧上一点的 i、j 值的乘积可以确定下一插补周期的进给步长。

3.5.4　进给速度控制

在 CNC 系统中，进给速度控制就是用软件或软件与接口来实现上述进给速度计算式。采取软件方法是采用程序计时法，而采取软件与接口相配合方法有时钟中断法和 $\dfrac{v}{\Delta L}$ 积分器法(此法适用于采用 DDA 或扩展 DDA 插补中的稳速控制)。

1. 程序计时法

程序计时法也称软件延时法。用它来对进给速度进行控制，需要计算出每次插补运算所占用的时间；同时，由给定的 F 值计算出相应的进给脉冲间隔时间；然后，由进给脉冲间隔时间减去插补运算时间，得到每次插补运算后的等待时间，这可由软件实现计时等待。为使进给速度可调，延时子程序按基本计时单位设计，并在调用该子程序前，先计算等待时间对基本时间单位的倍数，这样可用不同的循环次数实现不同速度的控制。

一般来说，软件延时会降低 CPU 的利用率。但对于开环控制的单微处理器 CNC 系统，一次插补结束，必须在向伺服系统送出脉冲后才能进行下一次插补计算。而延时就是安排在一次插补计算及相关处理完成后至向伺服系统送出脉冲这段时间里，因此，对 CPU 的利用率不会产生影响。

2. 时钟中断法

时钟中断法是采用一变频振荡器，根据编程速度经译码控制变频振荡器发出一定频率 f 的脉冲，作为中断请求信号，在中断服务程序中完成插补和输出。CPU 每接受一次中断信号，就进行一次插补运算并送出一个进给脉冲，类似硬件插补那样，每次中断要经过常规的中断处理后，再调用一次插补子程序转入插补运算。

可以用可编程定时器、计数器代替变频振荡器，通过编程进给速度改变可编程定时器、计数器的定时时间，即可产生不同频率的脉冲，以此脉冲作为中断请求信号，产生定时中断，在中断服务程序中完成插补和进给脉冲的输出，以达到对进给速度的控制。

由于采用软件延时的方法进行速度控制并不影响 CPU 的利用率，而且具有比较大的灵活性，因此常常为人们所用。

3.5.5 加减速度控制

在闭环和半闭环 CNC 系统中，加减速度控制多数都采用软件来实现，这样给系统带来了较大的灵活性。这种用软件实现的加减速度控制既可以在插补前进行，也可以放在插补后进行。放在插补前的加减速控制称为前加减速度控制，放在插补后的加减速控制称为后加减速度控制，如图 3-33 所示。

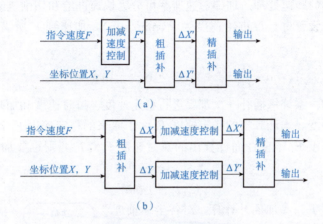

图 3-33 加减速度控制
(a)前加减速度控制；(b)后加减速度控制

前加减速度控制的优点是仅对合成速度——编程指令速度 F 进行控制，所以它不会影响实际插补输出的位置精度；缺点是需要预测减速点，而这个减速点要根据实际刀具位置与程序段终点之间的距离来确定。这种预测工作需要完成的计算量较大。

后加减速度控制与前加减速相反，它是对各运动分别进行加减速度控制，这种加减速度控制不需要专门预测减速点，而是在插补输出为零时开始减速，并通过一定的时间延迟，逐渐靠近程序段终点。后加减速度的缺点是由于它对各运动坐标轴分别进行控制，所以在加减速度控制以后，实际的各坐标轴的合成位置就可能不准确。但是这种影响仅在加速或减速过程中才会有，当系统进入匀速状态时，这种影响不存在。

1. 前加减速度控制

(1)稳定速度和瞬时速度。所谓稳定速度，是指系统处于稳定进给状态时，在一个插补周期内每插补一次的进给量。实际上就是编程速度 F(mm/min) 需要转换成每个插补周期 T(ms) 的进给量。另外，为了调速方便，设置了快速进给倍率开关、切削进给倍率开关，这样，在计算稳定速度时，还需要考虑这些因素。

稳定速度的计算公式如下：

$$F_s = \frac{TKF}{60 \times 1\,000} \tag{3-42}$$

式中　F_s——稳定速度(mm/min)；

　　　T——插补周期(ms)；

　　　F——指令速度(mm/rain)；

　　　K——速度系数，包括快速倍率、切削进给倍率等。

除此之外，稳定速度计算完成后，进行速度限制检查。如果稳定速度超过由参数设定的最大速度，则取限制的最大速度为稳定速度。

所谓瞬时速度，就是系统在每个插补周期的实际进给量。当系统处于稳定进给状态时，瞬时速度 F_i 等于稳定速度 F_s；当系统处于加速状态时，$F_i<F_s$；当系统处于减速状态时，$F_i>F_s$。

（2）线性加减速度处理。当机床启动、停止或在切削加工过程中改变进给速度时，系统自动进行线性加（减）速处理。加（减）速速率可分为快速进给和切削进给两种，它们必须作为机床参数预先设置好。设进给速度为 F（mm/min），加速到 F 所需的时间为 t（ms），则加（减）速度 a 为

$$a=\frac{1}{60}\cdot\frac{F}{t}=1.67\times10^{-2}\frac{F}{t}(\mu m/ms^2)\tag{3-43}$$

1）加速度处理。系统每插补一次都要进行稳定速度、瞬时速度和加减速度处理。若给定稳定速度要做改变，当计算出的稳定速度 F_s' 大于原来的稳定速度 F_s 时，则要加速；或者，给定的稳定速度 F_s 不变，而计算出的瞬时速度 $F_i<F_s$，则也要加速。每加速一次，瞬时速度为

$$F_{i+1}=F_i+at\tag{3-44}$$

新的瞬时速度 F_{i+1} 参加插补计算，对各坐标轴进行进给增量的分配。这样，一直加速到新的或给定的稳定速度为止。其加速处理流程如图 3-34 所示。

2）减速度处理。系统每进行一次插补运算后，都要进行终点判断，也就是要计算出与终点的瞬时距离 S_i。并按本程序段的减速度标志，判别是否已到达减速区，若已到达，则要进行减速。如果稳定速度 F_s 和设定的加/减速度 a 已确定，可用下式计算出减速区域 S：

因为　　　　$S=\frac{1}{2}at^2$，$t=\frac{F_s}{a}$

所以　　　　$S=\frac{F_s^2}{2a}$

若本程序段要减速，即 $S_i\leqslant S$，则设置减速状态标志，并进行减速处理。每减速一次，瞬时速度为

$$F_{i+1}=F_i-at$$

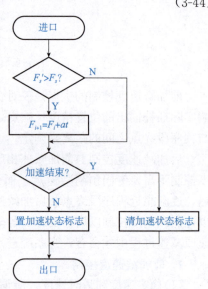

图 3-34　加速处理流程图

新的瞬时速度 F_{i+1} 参加插补运算，对各坐标轴进行进给增量的分配。一直减速到新的稳定速度或减到零。如要提前一段距离开始减速，则可按需要，将提前量 ΔS 作为参数预先设置好，这样，减速区域 S 的计算公式为

$$S=\frac{F_s^2}{2a}+\Delta S\tag{3-45}$$

其减速处理流程如图 3-35 所示。

3）终点判别处理。在前加减速度处理中，每次插补运算后，系统都要按计算出的各轴插补进给量来计算刀具中心离开本程序段终点的距离 S_i，并以此进行终点判别和检查本程

序段是否已到达减速区并开始减速。

①直线插补时 S_i 的计算。如图 3-36 所示，直线的起点在原点 O，终点坐标为 $P(x_a，y_a)$，其加工瞬时点 $A(x_i，y_i)$，插补计算时求得 x、y 轴的插补进给增量 Δx、Δy 后，即可得到点 A 的瞬时坐标值为

$$\begin{cases} x_i = x_{i-1} + \Delta x \\ y_i = y_{i-1} + \Delta y \end{cases} \tag{3-46}$$

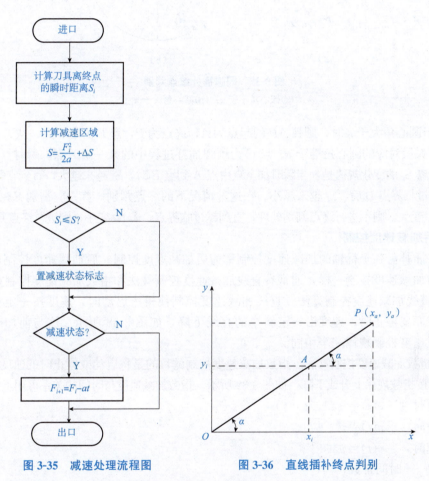

图 3-35　减速处理流程图　　　图 3-36　直线插补终点判别

设 x 轴为长轴，该轴与直线的夹角为 α，则瞬时加工点 A 与终点 $P(x_a，y_a)$ 的距离 S_i 为

$$S_i = \frac{|x_a - x_i|}{\cos\alpha} \tag{3-47}$$

②圆弧插补时 S_i 的计算。应按圆弧所对应的圆心角小于及大于 π 两种情况进行分别处理，如图 3-37 所示。

a. 当圆心角小于 π 时，P 为圆弧终点，A 为顺圆插补过程中的某一瞬时点。则点 A 与终点的距离为

$$S_i = \frac{\overline{MP}}{\cos\alpha} = \frac{|y_a - y_i|}{\cos\alpha} \tag{3-48}$$

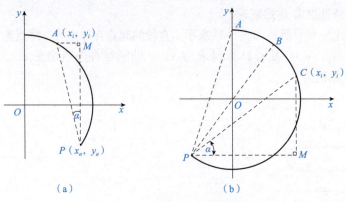

图 3-37　圆弧插补终点判别

（a）圆心角小于 π；（b）圆心角大于 π

b. 当圆心角大于 π 时，圆弧 AP 的起点为 A，终点为 P，点 B 为临界点，从 B 点到圆弧终点的圆弧段对应的圆心角等于 π。点 C 为顺圆插补过程中的某一瞬时点。瞬时点与圆弧离终点的距离 S_i 的变化规律是：当瞬时加工点由点 A 到点 B 时，S_i 越来越大，直到它等于直径；当加工越过临界点 B 后，S_i 越来越小。在这种情况下的终点判别，首先应判别 S_i 变化趋势，即：若 S_i 变大，则不进行终点判别处理，直到越过临界点；若 S_i 变小，则进行终点判别处理。

2. 后加减速度控制

放在插补后各坐标轴的加减速度控制称为后加减速度控制。后加减速度控制的规律实际上与前加减速度控制一样，通常有直线加减速度控制算法和指数加减速度控制算法。

（1）直线加减速度控制算法。直线加减速度控制使机床启动时，速度按一定斜率的直线上升，而要停止时，速度沿一定斜率的直线下降，如图 3-38 所示。这与前加减速度的线性加减速度控制规律完全相同。

（2）指数加减速度控制算法。指数加减速度控制的目的是将启动或停止时的速度突变，变成随时间按指数规律上升或下降，如图 3-39 所示。指数加减速度与时间的关系可用下式表示：

加速时　　　$v(t) = v_c(1 - e^{-t/T})$

匀速时　　　$v(t) = v_c$

减速时　　　$v(t) = v_c e^{-t/T}$

式中　　T——时间常数；

　　　　v_c——稳定速度；

　　　　$v(t)$——被控的输出速度。

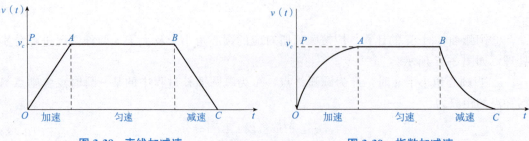

图 3-38　直线加减速　　　　　　　　　图 3-39　指数加减速

图 3-40 所示为指数加减速度控制算法的原理。图中 Δt 表示采样周期，其作用是每个采样周期进行一次加减速度运算，对输出速度进行控制。误差寄存器 E 将每个采样周期的输入速度 v_c 与输出速度 v 之差 $(v_c - v)$ 进行累加，累加结果一方面保存在误差寄存器中；另一方面与 $1/T$ 相乘，乘积作为当前采样周期加减速控制的输出 v。同时，v 又反馈到输入端，准备下一个采样周期。重复以上过程。

图 3-40　指数加减速度控制算法的原理

上述过程可以用迭代公式来描述，即

$$e_i = \sum_{k=0}^{i-1} (v_c - v_k)\Delta t \tag{3-49}$$

$$v_i = e_i \cdot \frac{1}{T} \tag{3-50}$$

式中，e_i、v_i 分别为第 i 个采样周期误差寄存器 E 中的值和输出速度值，且其迭代初值 v_0、e_0 为零。

经过数学推导和处理，实用的数字增量式指数加减速度迭代公式为

$$e_i = \sum_{k=0}^{i-1}(\Delta S_c - \Delta S_i) = E_{i-1} + (\Delta S_c - \Delta S_{i-1}) \tag{3-51}$$

$$\Delta S_i = e_i \frac{1}{T} \tag{3-52}$$

式中，ΔS_c 是每个采样周期加减速度的输入位置增量值，即每个插补周期粗插补运算输出的坐标位置数字增量值。而 ΔS_i 为第 i 个插补周期加减速度输出的位置增量值。

由前述的前加减速度控制和后加减速度控制的原理可知：前加减速度控制的优点是不会影响实际插补输出的位置精度，而需要进行预测减速点的计算，花费 CPU 的时间；后加减速度控制的优点是无须预测减速点，简化了计算，但在加减速过程中会产生实际的位置误差。

插补原理图的绘制

活动　绘制数控车床的插补轨迹

读一读：

我国数控机床的精度是多少？与国外差距有多大？看一台机床水平的高低，要看它的重复定位精度，一台机床的重复定位精度如果能达到 0.005 mm（ISO 标准，统计法），就是一台高精度机床，如果在 0.005 mm（ISO 标准，统计法）以下，就是超高精度机床。高精度的机床要有最好的轴承、丝杠。

谈到数控机床的"精度"时，务必要弄清楚标准、指标的定义及计算方法。日本机床生产商标定"精度"时，通常采用 JIS B 6201 或 JIS B 6336 或 JIS B 6338 标准。JIS B 6201 一般用于通用机床和普通数控机床，JIS B 6336 一般用于加工中心，JIS B 6338 则一般用于立式加工中心。欧洲机床生产商，特别是德国厂家，一般采用 VDI/DGQ 3441 标准。美国机床生产商通常采用 NMTBA（National Machine Tool Builder's Assn）标准（该标准源于美国机床制造协会的一项研究，颁布于 1968 年，后经修改）。上面所提到的这些标准都与 ISO 标准相关联。以加工中心加工典型件的尺寸精度和形位精度为例对比国内外的水平，国内为 0.008～0.010 mm，而国际先进水平为 0.002～0.003 mm。

我国机床制造业的发展虽有起伏，但对数控技术和数控机床一直给予较大的关注，已具有较强的市场竞争力。但在中、高档数控机床方面，与国外一些先进产品与技术发展，仍存在较大差距，大部分处于技术跟踪阶段。超精密加工目前是指尺寸和位置精度为 $0.01～0.3\ \mu m$，形状和轮廓精度为 $0.003～0.1\ \mu m$，表面粗糙度钢件 $Ra \leqslant 0.05\ \mu m$、铜件 $Ra \leqslant 0.01\ \mu m$。国内研制的超精密数控车床、数控铣床已投入生产使用。当前在品种上需发展超精密磨床和超精密复合加工机床，同时要进一步提升超精密主轴单元、超精密导轨副单元、超精密平稳驱动系统、超精密轮廓控制技术及纳米级分辨率数控系统的性能并加快其工程化。超精密机床主要用于解决国内高新技术和国防关键产品的超精密加工，虽然需求量不很大，但它是一项受国外技术封锁的敏感技术。另外，超精密加工技术的深化研究成果下延将有助于需求量大的加工精度在亚微米级的高精密机床的研发和产业化。

做一做：

步骤一：计算数控机床插补

如图 3-41 所示，用逐点比较法插补顺圆弧 AB，起点 $A(-2, 5)$，终点 $B(5, 2)$，圆心在原点 $O(0, 0)$。写出插补的偏差判别式，插补计算过程填入表 3-12 中。

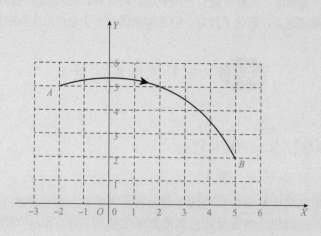

图3-41　计算数控机床插补模拟实例

表 3-12　计算数控机床插补表

插补循环	偏差情况	进给方向	偏差计算	坐标计算	终点判别

步骤二：绘制数控机床插补轨迹（图 3-42）。

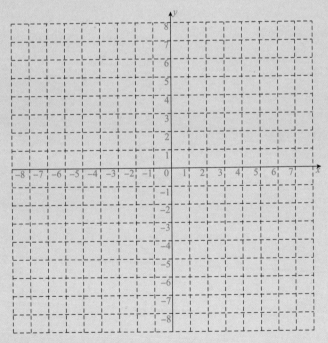

图 3-42　数控机床插补轨迹

想一想：

如果用数据采样插补方法，该如何计算和插补？

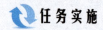
任务实施

任务工单

姓名		班级		日期	

任务描述：

　　用逐点比较法插补直线 AB，起点 $A(-3，-6)$，终点 $B(5，7)$。写出插补的偏差判别式，插补计算过程填入表格中，并画出插补轨迹。

任务分组：

任务计划：

任务实施：

任务评价

项目	内容	配分	评分要求	得分
认识数控机床的工作原理	知识目标 （40分）	20	知道数控机床插补的种类，每少一种扣5分	
		20	制订插补计划，少一步扣5分，扣完为止	
	技能目标 （45分）	10	正确写出插补偏差判别式，错误一处扣5分，扣完为止	
		10	正确将计算数据填入插补表格，错误一处扣2分，扣完为止	
		15	正确画出数控机床插补轨迹，不正确一处扣5分，扣完为止	
		10	能完整描述计算数控机床插补过程	
	职业素养、职业规范与安全操作 （15分）	5	未使用直尺等工具，扣5分	
		5	未对完成的插补进行复核，扣5分	
		5	工具未能整齐摆放，扣5分	
总分				

思考与练习

1. 什么是逐点比较插补法？

2. 刀具的进给速度与脉冲频率有何关系？

3. 直线的起点在原点，终点为 $A(5，3)$。试用逐点比较法对该直线段进行插补，并画出插补轨迹。

4. 顺时针加工圆弧，圆弧的起点为 $A(4，3)$，终点为 $B(5，0)$。试对该段圆弧进行插补，并画出刀具的运动轨迹。

5. 设直线 OA 的起点在原点 $O(0，0)$，终点为 $A(7，5)$，采用3位寄存器，试写出直线 OA 的 DDA 插补过程，并画出插补轨迹。

6. 简述数字增量插补法的基本过程。

7. 刀具半径补偿的执行过程分为哪3步？

8. 采用脉冲增量插补算法的 CNC 系统是如何进行进给速度和加减速度控制的？

9. 何谓前加减速控制和后加减速控制？它们各有什么优点、缺点？

项目 4 认识数控机床系统

项目引入

目前，国内应用的数控机床系统有很多种，市场占有率较大的有日本的 FANUC 系统、三菱（Mitsubishi）数控系统，德国的 Siemens 系统、我国的华中（HNC）数控系统、广数（GSK）数控系统。常见数控系统由哪些部分组成？数控装置与数控系统的功能部件——数控系统中的通信接口有哪些？

学习目标

大国工匠案例四

知识目标：

1. 熟悉典型数控系统和常见数控系统的分类；
2. 理解常见数控系统通信接口的组成。

能力目标：

能够掌握通过查阅手册和说明书完成对数控系统简单设置和数据备份的方法。

素养目标：

具有学生严谨、细致的工作作风。

项目分析

西门子（数控系统）SINUMERIK 是 Siemens 集团旗下自动化与驱动集团的产品，SINUMERIK 发展了很多代。目前在广泛使用的主要有 802、810、840 等几种类型。Siemens 公司对 810 系统的性能与价格定位是如何界定的呢？

数控系统的机床数据支持数控机床的运行，如果系统数据丢失，系统将不能正常工作，造成死机。在实际生产中，如何对 SINUMERIK810 的系统数据进行备份？

内容概要

本项目主要介绍对数控机床系统的认识，以数控机床系统组成为线索，介绍系统组成和接口等知识。主要知识点如下：

（1）典型数控系统介绍；
（2）常见数控系统的组成；
（3）数控系统中的通信接口。

4.1　典型数控系统介绍

数控系统是数控机床的控制核心。数控系统是数字控制系统（Numerical Control System）的简称，早期是由硬件电路构成的，称为硬件数控（Hard NC），20 世纪 70 年代以后，硬件电路元件逐步由专用的计算机代替，称为计算机数控系统。

计算机数控（Computerized Numerical Control，CNC）系统是用计算机控制加工功能，实现数值控制的系统。它是根据计算机存储器中存储的控制程序，执行部分或全部数值控制功能，并配有接口电路和伺服驱动装置的专用计算机系统。

数控系统从 1952 年开始，经历了电子管、晶体管、小规模集成电路、计算机数字控制、软件和微处理器时代的发展过程。目前，世界上数控系统的种类繁多，形式各异，组成结构也各有特点。但是无论哪种系统，它们的基本原理和构成是相似的。

典型的数控系统：国外以日本的发那科（FANUC）、德国的西门子（SINUMERIK）为主；国内以华中（HNC）为代表。

4.1.1　发那科(FANUC)系统

FANUC 公司创建于 1956 年，1959 年在市面上率先推出了电液步进电动机，在后来的若干年中逐步发展并完善了以硬件为主的开环数控系统。进入 20 世纪 70 年代，微电子技术、功率电子技术，尤其是计算技术得到了飞速发展，FANUC 公司毅然舍弃了使其发家的电液步进电动机数控产品，从 GETTES 公司引进直流伺服电动机制造技术。1976 年 FANUC 公司研制成功数控系统 5，随后又与 Siemens 公司联合研制了具有先进水平的数控系统 7，从这时起，FANUC 公司逐步发展成为世界上最大的专业数控系统生产厂家，产品日新月异，年年翻新。进入 20 世纪 90 年代后，其生产的大量数控机床以极高的性价比进入中国市场。FANUC 公司还与 GE 公司建立了合资子公司 GE-FANUC 公司，主要生产工业机器人。

1979 年，FANUC 公司研制出数控系统 6，它是具备一般功能和部分高级功能的中档 CNC 系统，6M 适合于铣床和加工中心；6T 适合于车床。与过去机型比较，使用了大容量磁泡存储器，专用于大规模集成电路，元件总数减少了 30%。它还备有用户自己制作的特有变量型子程序的用户宏程序。

1980 年，FANUC 公司在系统 6 的基础上同时向低档和高档两个方向发展，研制了系统 3 和系统 9。系统 3 是在系统 6 的基础上简化而形成的，体积小，成本低，容易组成机电一体化系统，适用于小型、低价的机床；系统 9 是在系统 6 的基础上强化而形成的具有高级性能的可变软件型 CNC 系统。通过变换软件可适应任何不同用途，尤其适合于加工复杂而昂贵的航空部件、要求高度可靠的多轴联动重型数控机床。

1984 年，FANUC 公司又推出新型系列产品数控 10 系统、11 系统和 12 系统。该系列产品在硬件方面做了较大改进，凡是能够集成的都做成大规模集成电路，其中包含了 8 000 个门电路的专用大规模集成电路芯片有 3 种，其引出脚竟多达 179 个，另外，专用大规模集成电路芯片有 4 种，厚膜电路芯片 22 种；还有 32 位的高速处理器、4 Mbit 的磁泡存储器等，元件数比前期同类产品又减少30％。由于该系列采用了光导纤维技术，使过去在数控装置与机床及控制面板之间的几百根电缆大幅度减少，提高了抗干扰性和可靠性。该系统在 DNC 方面能够实现主计算机与机床、工作台、机械手、搬运车等之间的各类数据的双向传送。它的 PLC 装置使用了独特的无触点、无极性输出和大电流、高电压输出电路，能促使强电柜的半导体化。此外，PLC 的编程不仅可以使用梯形图语言，还可以使用 PASCAL 语言，便于用户自己开发软件。数控系统 10、系统 11、系统 12 还充实了专用宏功能、自动计划功能、自动刀具补偿功能、刀具寿命管理、彩色图形显示 CRT 等。

1985 年，FANUC 公司又推出了数控系统 0，它的目标是体积小、价格低，适用于机电一体化的小型机床，因此它与适用于中、大型的系统 10、系统 11、系统 12 一起组成了这一时期的全新系列产品。在硬件组成上，以最少的元件数量发挥最高的效能为宗旨，采用了最新型高速高集成度处理器，共有专用大规模集成电路芯片 6 种（其中，4 种为低功耗 CMOS 专用大规模集成电路），专用的厚膜电路 3 种。三轴控制系统的主控制电路包括输入、输出接口、PMC（Programmable Machine Control）和 CRT 电路等都在一块大型印制电路板上，与操作面板 CRT 组成一体。系统 0 的主要特点有彩色图形显示、会话菜单式编程、专用宏功能、多种语言（汉、德、法）显示、目录返回功能等。FANUC 公司推出数控系统 0 以来，得到了各国用户的高度评价，成为世界范围内用户较多的数控系统之一。

1987 年，FANUC 公司又成功研制出数控系统 15，被称为划时代的人工智能型数控系统，它应用了 MMC（Man Machine Control）、CNC、PMC 的新概念。系统 15 采用了高速度、高精度、高效率加工的数字伺服单元，数字主轴单元和纯电子式绝对位置检出器，还增加了 MAP（Manufacturing Automatic Protocol）、窗口功能等。FANUC 公司是生产数控系统和工业机器人的著名厂家，该公司自 20 世纪 60 年代生产数控系统以来，已经开发出 40 多种系列产品。

1. FANUC 主要产品的介绍

FANUC 现有产品可分为以下两类：

(1)CNC 产品系列主要有 16i/18i/21i 系列；FANUC PowerMate i。

(2)伺服产品系列：FANUC 交流伺服电动机 βi 系列；FANUC 直线电动机 LiS 系列；FANUC 直线电动机 LiS 系列；FANUC 同步内装伺服电动机 DiS 系列；FANUC 内装主轴电动机 Bi 系列；FANUC-NSK 主轴单元系列。

2. 系统分类

FANUC 数控系统主要分类有：FANUC 系统早期有 3 系列系统及 6 系列系统，现有 0 系列、10/11/12 系列、15、16、18、21 系列等。应用最广泛的是 FANUC 0 系列系统。

(1)FANUC 系统的 0 系列型号划分及适用范围如下。

1)0D 系列：

①0—TD 用于车床；

②0—MD 用于铣床及小型加工中心；

③0—GCD 用于圆柱磨床；

④0—GSD 用于平面磨床；

⑤0—PD 用于冲床。

2)0C 系统：

①0—TC 用于普通车床、自动车床；

②0—MC 用于铣床、钻床、加工中心；

③0—GCC 用于内、外磨床；

④0—GSC 用于平面磨床；

⑤0—TTC 用于双刀架、4 轴车床。

3)POWER MATE 0：用于 2 轴小型车床。

4)0i 系列：

①0i—MA 用于加工中心、铣床；

②0i—TA 用于车床，可控制 4 轴。

(2)16i 用于最大 8 轴，6 轴联动。

(3)18i 用于最大 6 轴，4 轴联动。

(4)160/18MC 用于加工中心、铣床、平面磨床。

(5)160/18TC 用于车床、磨床。

(6)160/18DMC 用于加工中心、铣床、平面磨床的开放式 CNC 系统。

(7)160/180TC 用于车床、圆柱磨床的开放式 CNC 系统。

FANUC 系统在设计中大量采用模块化结构。这种结构易于拆装、各个控制板高度集成，使可靠性有很大提高，而且便于维修、更换。FANUC 系统设计了比较健全的自我保护电路。FANUC 系统性能稳定，操作界面友好，系统各系列总体结构非常类似，具有基本统一的操作界面。FANUC 系统可以在较为宽泛的环境中使用，对于电压、温度等外界条件的要求不是特别高，因此适应性很强。

4.1.2 西门子数控系统(SINUMERIK)

Siemens 公司的数控装置采用模块化结构设计，经济性好，在一种标准硬件上，配置多种软件，使它具有多种工艺类型，满足各种机床的需要，并成为系列产品。随着微电子技术的发展，越来越多地采用大规模集成电路(LSI)、表面安装器件(SMC)及应用先进加工工艺，所以新的系统结构更为紧凑，性能更强，价格更低。采用 SIMATICS 系列可编程控制器或集成式可编程控制器，用 STEP 编程语言，具有丰富的人机对话功能，具有多种语言的显示。

Siemens 数控系统不仅提供先进的技术，其灵活的二次开发能力使之非常适合于教学应用。学习者通过在一般教学环境下的培训就能掌握到包括用在高端系统上的数控技术与过程。Siemens 还为数控领域的职业教育设计了专门的以教学仿真软件 SINUTRAIN 为核心的数控教育培训体系，通过由浅入深的操作编程培训及真实的模拟环境提高学习者的全面技术水平和能力。

Siemens 数控系统是一个集成所有数控系统元件(数字控制器、可编程控制器、人机操作界面)于一体的操作面板安装形式的控制系统。所配套的驱动系统接口采用 Siemens 公司全新设计的可分式安装以简化系统结构的驱动技术，这种新的驱动技术所提供的接口可以连接多达 6 轴数字驱动。外部设备通过现场控制总线 PROFIBUS、MPI 连接。这种新的驱动接口连接技术只需要最少数量的几根连线就可以进行非常简单而容易的安装。

SINUMERIK 系统为标准的数控车床和数控铣床提供了完备的功能，其配套的模块化结构的驱动系统为各种应用提供了极大的灵活性。性能方面经过大大改进的工程设计软件可以帮助用户完成从项目开始阶段的设计选型。接口实现的最新数字式驱动技术提供了统一的数字式接口标准，各种驱动功能按照模块化设计，可以根据性能要求和智能化要求灵活安排，各种模块不需要电池及风扇，因而无须任何维护。使用的标准闪存卡（CF）可以方便地备份全部调试数据文件和子程序，通过闪存卡（CF）可以对加工程序进行快速处理，通过连接端子使用两个电子手轮。

数控系统产品种类：Siemens 数控系统是 Siemens 集团旗下自动化与驱动集团的产品，Siemens 数控系统 SINUMERIK 发展了很多代。Siemens 公司 CNC 装置主要有 SINUMERIK3/8/810/820/850/880/805/802/840 系列。目前，在广泛使用的主要有 802、810、840 等几种类型。

用一个简要的图表对 Siemens 各系统的定位做描述，如图 4-1 所示。

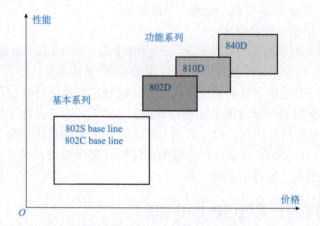

图 4-1　Siemens 各系统的性价比较

1. SINUMERIK 802D

具有免维护性能的 SINUMERIK 802D，其核心部件——PCU（面板控制单元）将 CNC、PLC、人机界面和通信等功能集成于一体，可靠性高、易于安装。

SINUMERIK 802D 可控制 4 个进给轴和一个数字或模拟主轴。通过生产现场总线 PROFIBUS 将驱动器、输入输出模块连接起来。

模块化的驱动装置 SIMODRIVE611Ue 配套 1FK6 系列伺服电动机，为机床提供了全数字化的动力。

通过视窗化的调试工具软件，可以便捷地设置驱动参数，并对驱动器的控制参数进行动态优化。

SINUMERIK 802D 集成了内置 PLC 系统，对机床进行逻辑控制。采用标准的 PLC 的编程语言 Micro/WIN 进行控制逻辑设计。并且随机提供标准的 PLC 子程序库和实例程序，简化了制造厂设计过程，缩短了设计周期。

2. SINUMERIK 810D

在数字化控制的领域中，SINUMERIK 810D 第一次将 CNC 和驱动控制集成在一块板子上。快速的循环处理能力使其在模块加工中独显威力。

SINUMERIK 810D NC 软件选件的一系列突出优势可以帮助使用者在竞争中脱颖而出。例如，提前预测功能，可以在集成控制系统上实现快速控制。

另一个例子是坐标变换功能。固定点停止可以用来卡紧工件或定义简单参考点。模拟量控制控制模拟信号输出。

刀具管理也是另一种功能强大的管理软件选件。

样条插补功能(A、B、C样条)用来产生平滑过渡；压缩功能用来压缩 NC 记录；多项式插补功能可以提高 810D/810DE 运行速度。

温度补偿功能保证数控系统在高技术、高速度运行状态下保持正常温度。此外，系统还提供钻、铣、车等加工循环。

3. SINUMERIK 840D

SINUMERIK 840D 数字 NC 系统用于各种复杂加工，它在复杂的系统平台上，通过系统设定而适于各种控制技术。840D 与 SINUMERIK _ 611 数字驱动系统和 SIMATIC 7 可编程控制器一起，构成全数字控制系统，它适用于各种复杂加工任务的控制，具有优于其他系统的动态品质和控制精度的特点。

4.1.3 华中(HNC)数控系统

华中数控系统采用了以工业 PC 为硬件平台，DOS、Windows 及其丰富的支持软件为软件平台的技术路线，使主控制系统具有质量好，性能价格比高，新产品开发周期短，系统维护方便，系统更新换代和升降快，系统配套能力强，系统开放性好，便于用户二次开发和集成等许多优点。华中数控系统在其操作界面、操作习惯和编程语言上按国际通用的数控系统设计。国外系统所运行的 G 代码数控程序，基本不需要修改，可在华中数控系统上使用。而且，华中数控系统采用汉字用户界面，提供完善的在线帮助功能，便于用户学习和使用。系统提供类似高级语言的宏程序功能，具有三维仿真校验和加工过程图形动态跟踪功能，图形显示形象直观，操作、使用方便容易。

华中"世纪星"数控系统是在华中Ⅰ型、华中 2000 系列数控系统的基础上，满足用户对低价格、高性能、简单、可靠的要求而开发的数控系统，适用于各种车、铣、加工中心等机床的控制。世纪星系列数控系统(HNC-21T、HNC-21M/22M)相对于国内外其他同等档次数控系统，具有以下几个鲜明特点：

(1)高可靠性：选用嵌入式工业 PC；全密封防静电面板结构，超强的抗干扰能力。

(2)高性能：最多控制轴数为 4 个进给轴和 1 个主轴，支持 4 轴联动；全汉字操作界面、故障诊断与报警、多种形式的图形加工轨迹显示和仿真，操作简便，易于掌握和使用。

(3)低价位：与其他国内外同等档次的普及型数控系统产品相比，世纪星系列数控系统性能/价格比较高。如果配套选用华中数控的全数字交流伺服驱动和交流永磁同步电动机、伺服主轴系统等，数控系统的整体价格只有国外同档次产品的 1/2 到 1/3。

(4)配置灵活：可自由选配各种类型的脉冲接口、模拟接口交流伺服驱动单元或步进电动机驱动单元；除标准机床控制面板外，配置 40 路光电隔离开关量输入和 32 路功率放大开关量输出接口、手持单元接口、主轴控制接口与编码器接口，还可扩展远程 128 路输入/128 路输出端子板。

(5)真正的闭环控制：世纪星系列数控系统配置交流伺服驱动器和伺服电动机时，伺服驱动器和伺服电动机的位置信号是实时反馈到数控单元，由数控单元对它们的实际运行全过程进行精确的闭环控制。

华中"世纪星"数控系统目前已广泛用于车、铣、磨、锻、齿轮、仿形、激光加工、纺织、医疗等设备，适用的领域有数控机床配套、传统产业改造、数控技术教学等。

华中世纪星系列数控装置采用先进的开放式体系结构，内置嵌入式工业PC，配置7.7英寸彩色液晶显示屏和通用工程面板，全汉字操作界面、故障诊断与报警、多种形式的图形加工轨迹显示和仿真，操作简便，易于掌握和使用；集成进给轴接口、主轴接口、手持单元接口、内嵌式PLC接口于一体；可自由选配各种类型的脉冲接口、模拟接口的交流伺服单元或步进电动机驱动器；内部已提供标准车床控制的PLC程序，用户也可自行编制PLC程序；采用国际标准G代码编程，与各种流行的CAD/CAM自动编程系统兼容，具有直线、圆弧、螺纹切削、刀具补偿、宏程序等功能；支持硬盘、电子盘等程序存储方式，以及软驱、DNC、以太网等程序交换功能；具有低价格、高性能、配置灵活、结构紧凑、易于使用、可靠性高的特点。

4.1.4　三菱(Mitsubishi)数控系统

Mitsubishi数控系统针对大型加工中心、复合加工中心、龙门式机床等产品。对应SINUMERIK 810系统，FANUC 16i系统，Mitsubishi推荐CNC型号为M70A。M70A为M64S换代升级的最新产品型号，M64S为近几年Mitsubishi主流产品，广泛应用于磨床、铣床、加工中心等。M70A的全面上市完成了对M64产品的切换。M700、M730与840D，32i功能类似，可用于龙门五面体加工中心、龙门式落地镗铣加工中心等。针对数控车床、数控磨床，加工中心对应FANUC 0i-mate-MD，0i-MD，SINUMERIK 802C，Mitsubishi推荐CNC型号为E60/ M70B系列，该系列产品在实现数控化的同时兼顾经济性，M70B为E68升级后的最新产品型号，在硬件规格及功能方面相比E68有了很大的改进。

1. 数控系统产品种类

(1)M60S系列；
(2)E60系列；
(3)C6系列；
(4)C64系列；
(5)M70系列；
(6)M700系列；
(7)C70系列。

2. E60、E68、M64系统简介

(1)E60、E68系统简介。

1)内含64位CPU的高性能数控系统，采用控制器与显示器一体化设计，实现了超小型化。

2)伺服系统采用薄型伺服电动机和高分辨率编码器(131 072脉冲/r)，增量/绝对式对应。

3)标准4种文字操作界面：简体、繁体中文、日文、英文。

4)由参数选择车床或铣床的控制软件，简化维修与库存。

5)全部软件功能为标准配置，无可选项，功能与M50系列相当。

6)标准具备 1 点模拟输出接口，用以控制变频器主轴。

7)可使用 Mitsubishi 电动机 MELSEC 开发软件 GX-Developer，简化 PLC 梯形图的开发。

8)可采用新型 2 轴一体的伺服驱动器 MDS-R 系列，减少安装空间。

9)开发伺服自动调整软件，节省调试时间及技术支援的人力。

(2)M64 系统简介。

1)所有 M60S 系列控制器都标准配备了 RISC 64 位 CPU，具备目前世界上最高水准的硬件性能(与 M64 相比，整体性能提高了 1.5 倍)。

2)高速高精度机能对应，尤为适合模具加工(M64SM-G05P3：16.8 m/min 以上，G05.1Q1：计划中)。

3)标准内藏对应全世界主要通用的 12 种多国语言操作界面(包括繁体/简体中文)。

4)可对应内含以太网络和 IC 卡界面(M64SM-高速程序伺服器：计划中)。

5)坐标显示值转换可自由切换(程序值显示或手动插入量显示切换)。

6)标准内藏波形显示功能，工件位置坐标及中心点测量功能。

7)缓冲区修正机能扩展：可对应 IC 卡/计算机链接 B/DNC/记忆/MDI 等模式。

8)编辑画面中的编辑模式，可自行切换成整页编辑或整句编辑。

9)图形显示机能改进：可含有道具路径资料，以充分显示工件坐标及道具补偿的实际位置。

10)简易式对话程序软件(使用 APLC 所开发之 Magicpro-NAVI MILL 对话程序)。

11)可对应 Windows 95/98/2000/NT4.0/Me 的 PLC 开发软件。

12)特殊 G 代码和固定循环程序，如 G12/13 、G34/35/36、G37.1 等。

4.1.5 广数(GSK)数控系统

1. 产品介绍

GSK980TDa 是在 GSK980TD 基础上改进设计的新产品，在保持外形尺寸、接口不变的同时，显示器升级为 7 英寸彩色宽屏 LCD，并增加了 PLC 轴控、Y 轴控制、抛物线/椭圆插补、语句式宏指令、自动倒角、刀具寿命管理和刀具磨损补偿等功能。新增 G31/G36/G37 代码，可实现跳转和自动刀具补偿。增加了系统时钟，可显示报警日志。在支持中文、英文显示的基础上增加了西班牙文显示。作为 GSK980TD 的升级换代产品，GSK980TDa 是普及型数控车床的最佳选择。

2. 产品特点

(1)X、Y、Z 三轴控制、X、Z 两轴联动，0.001 mm 插补精度，最高速度为 30 000 mm/min，支持直线、圆弧、椭圆、抛物线插补。

(2)最小指令单位 0.001 mm，指令电子齿轮比(1~32 767)/(1~32 767)。

(3)具有螺距误差补偿、反向间隙补偿、刀具长度补偿、刀具磨损补偿、刀尖半径补偿功能。

(4)内置式 PLC，梯形图在 PC 上编辑后下载至 CNC，支持 PLC 警告功能。

(5)采用 S 型、指数型加减速控制，适应高速、高精加工。

(6)具有攻螺纹功能，可车削公英制单头/多头直螺纹、锥螺纹、端面螺纹，变螺距螺纹，螺纹退尾长度、角度和速度特性可设定，高速退尾处理。

(7) 支持公制/英制编程，具有自动对刀、自动倒角、刀具寿命管理功能。

(8) 支持语句式宏指令编程，支持带参数的宏程序调用。

(9) 支持中文、英文、西班牙文显示，由参数选择。

(10) 零件程序全屏幕编辑，可存储 6 144 KB、384 个零件程序。

(11) 提供系统时钟，日期、时间掉电保持。

(12) 提供多级操作权限管理功能。

(13) 支持 CNC 与 CNC、PC 双向通信，CNC 软件、PLC 程序可通信升级。

(14) 安装尺寸、电气接口、指令与 GSK980TD 完全兼容。

4.2　常见数控系统的组成

4.2.1　经济型数控系统的组成

经济型数控系统从控制方法来看，一般是指开环数控系统。其具有结构简单、造价低、维修调试方便，运行维护费用低等优点，但受步进电动机矩频特性及精度、进给速度、力矩三者之间相互制约，性能的提高受到限制。所以，经济型数控系统常用于数控电火花线切割机床及一些速度和精度要求不高的经济型数控机床、铣床等。同时，在普通机床的数控化改造中也得到了较广泛的应用。

1. 数控系统结构及功能

经济型数控系统根据其应用场合不同，功能有所区别，但就总体结构而言大致相同。图 4-2 所示为经济型数控系统的一般结构，主要由以下几个部分结构。

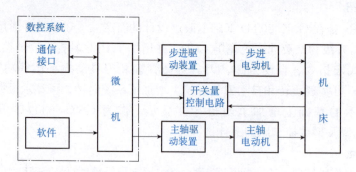

图 4-2　经济型数控系统的一般结构

(1) 微机。微机主要包括中央处理器（Central Processing Unit，CPU）、可擦除可编程只读存储器（Erasable Programmable Read-Only Memory，EPROM）、随机存储器（Random Access Memory，RAM）和输入/输出接口（Input/Output Interface，I/O）等电路。

(2) 驱动。驱动由步进驱动装置与步进电动机构成。在经济型数控系统中，步进电动机一般为功率式步进电动机。

(3) 开关量控制电路。开关量控制电路负责机床侧输入/输出开关及机床操作面板与微机的连接，涉及 M、S、T 指令的执行。

(4)主轴控制。主轴控制由主轴电动机及主轴驱动装置组成。

(5)通信接口。通信接口一般是指 RS-232C 接口，完成数控系统与微信的通信。

(6)软件系统。软件系统由系统软件与应用软件构成。

2. 微机系统

微机是 CNC 系统的核心部件，可采用单微机系统或多微机系统。其主要职责是完成 CNC 的控制与计算，在硬件方面主要包含以下几个方面内容：

(1)微机机型的选择。经济型数控系统常采用单片机为主控微机，如 Intel 公司的 8031、8098 等。就当前情况来看，经济型数控系统选择 8098 较为经济合理，因其运算速度是 8031 的 5～6 倍。但 8031 位处理功能很强，很适合于开关量控制。

(2)存储器的扩充。存储器可分为数据存储器与程序存储器，一般程序存储器主要存放系统的监控程序与控制程序，用户无须修改，常采用 EPROM 的存储器，如 2764 或 27256 等芯片。数据存储器用来存放用户程序、中间参数、运算结构等，常采用 6264 或 62256 等芯片。

(3)I/O 接口电路。常用并行接口芯片 8255A 来扩展系统 I/O 接口的点数，用 8279 来控制键盘/显示，至于定时对计数器与中断系统，一般由单片机本身的资源提供。

(4)辅助电路。辅助电路主要包括驱动电路、译码电路复位电路等。驱动电路主要采用单向驱动芯片 244 与双向驱动芯片 245；译码电路主要包括三一八译码器 138；复位电路主要有上电复位与按钮复位或两者的组合复位电路。

3. 外围电路

外围电路主要包括输入/输出通道、步进电动机的功率驱动与主轴驱动等。

(1)输入/输出通道。输入/输出通道要充分考虑电平匹配、缓冲/锁存及信号隔离等因素，以防止信号的丢失及干扰的引入。一般对信号的隔离常采用光电隔离，该隔离方式设计简单，成本较低而且信号隔离也较为可靠。

(2)步进电动机的功率驱动。步进电动机的驱动主要有高低压驱动、恒流斩波驱动等。

(3)主轴驱动。主轴驱动有直流驱动和交流驱动。数控系统中的微机根据数控程序中的 S(主轴转速)指令，求出主轴转速进给定值，并将给定值传送给主轴驱动装置。当采用交流交频方式时，频率给定主要有两种方式：一种为模拟量给定；另一种为数字量给定。当用模拟量给定转速时，可将微机输出的数字量经数模(Digital-to-Analog，D/A)转换、隔离及放大滤波后送到变频器；当用数字量给定转速时，可直接经 8255A 输出，经隔离后送至变频器。

4. 软件结构

经济型数控系统的软件主要完成系统的监控与控制功能，主要包括输入数据处理程序、插补运算程序、速度控制程序及管理程序和诊断程序。

(1)输入数据处理程序。

1)输入。输入主要是指由用户从操作面板上输入控制参数、补偿数据及加工程序，一般均采用键盘直接输入，故软件的作用主要是字符的读取与存取。

2)译码。在输入的加工程序中，含有零件的轮廓信息、要求的加工速度及一些辅助信息(如主轴正、反转，停刀、换刀，切削液开、关)，这些信息在微机进行插补运算与控制操作之前必须翻译成机器所能识别的代码，即译码，在软件设计时常采用编译方式来完成译码。

3）数据处理。数据处理主要包括刀具补偿、速度计算及辅助功能的处理等。刀具补偿可以采用B刀补或C刀补。从工艺角度来看，C刀补较好。C刀补由于计算机复杂、运算时间较长，因此将刀补计算一次完成，得出刀具中心轨迹，运行时就可以不再进行刀具补偿运算。对于要求不高的场合，可舍去刀补计算。速度计算主要是决定该加工数据段应采用什么样的速度来加工。

（2）插补运算程序。插补运算程序是实时性很强的程序，而且计算方法较多，应根据系统的需要选择合适的算法，力争最优化地实现各坐标轴脉冲的分配。经济型数控系统通常采用基准脉冲插补的方式。

（3）速度控制程序。速度控制与插补运算紧密相关，在输入指令中所给的速度一般是指各坐标轴的合成速度，速度处理首先要将合成速度分解成各运动坐标方向的分速度，然后利用软件延时或定时器实现速度的控制。速度控制程序决定着插补运算的时间间隔，插补运算的输出结构控制着各坐标轴的进给。

（4）管理程序的诊断程序。

1）管理程序。系统管理程序的实质是系统监控程序，它主要负责键盘/显示的监控，中断信号的处理及各功能模块的协调。如能实现程序并行处理，则可在插补运算与速度控制的空闲时刻完成数据的输入处理，从而大大提高程序的实时性。

2）诊断程序。诊断程序主要包括系统的自诊断（如开机运行前，检查系统上各种部件的功能正常与否）和运行诊断，并能在故障发生后，给出相应的报警信息，帮助维修人员较快地找出故障原因，以利于故障诊断和维修。

4.2.2 标准型数控系统

标准型数控系统又称为全功能数控系统，这是相对于经济型数控系统而言的。标准型数控系统功能较为齐全，其控制精度与速度都比较高，所以基本上是闭环系统。

随着计算机技术的不断发展，现在CNC的结构一般均采用柔性程度较高的总线模块化的开放系统结构。其特点是将微处理器、存储器、输入/输出控制分别做成插件板，每一块插件板均有一个特定的功能，所以又称为功能模块。各功能模块间的接口定义明确，以便相互交换信息。

1. 标准型数控系统的基本组成

标准型数控系统一般是由程序的输入/输出设备、通信设备、微机系统、可编程控制主轴驱动、进给驱动及位置检测等组成的，如图4-3所示。

2. 标准型数控系统的模块功能

（1）微机控制系统：微机控制系统是CNC的核心，数控系统的主要信息均由它进行实时控制。随着计算机技术的不断发展，微机控制系统的CPU芯片也逐步由8086发展到80586、PⅡ等，而且由单微处理器系统向所微处理器系统方向发展。

（2）可编程控制器（PLC）：可编程控制器主要是用来实现辅助功能，如M、S、T等。其控制方式主要是开关量控制。按数控系统中PLC的配置方式可分为内装型PLC和外装型PLC。现代CNC系统一般均采用内装型PLC。

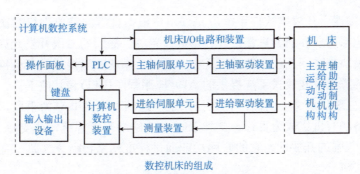

图4-3 标准型数控系统的基本组成

（3）主轴控制模块：主轴控制模块的主要任务就是控制主轴转速和主轴定位。现代数控机床主轴电动机大多采用交流电动机，相应的驱动装置为变频器。CNC只需要输出相应的控制信号到变频器，就能实现主轴转速、定位的控制。

（4）进给伺服控制模块：数控机床对进给轴的控制要求很高，它直接关系到机床位置控制精度。进给伺服系统一般由速度控制与位置控制两个控制环节组成。CNC根据位置控制单元的信息，处理并输出控制信号，通过速度控制单元完成速度控制。

（5）检测模块：检测模块完成主轴和进给轴的位置检测。检测装置主要有光电编码器和光栅尺等。其作用就是配合主轴控制模块、进给伺服控制模块完成位置的控制。

（6）输入、输出及通信模块：完成程序的输入与输出，传递人机界面所需要的各种信息。

4.2.3 开放式数控系统

人们研究开放式数控系统的目的是建立一个统一的可重构的系统平台，增强数控系统的柔性，并能给用户提供一种统一风格的交互方式。通俗地讲，开放的目的就是使NC控制器与当今的PC类似，其系统构筑于一个开放的平台之上，具有模块化组织结构，允许用户根据需要进行选配和集成，更改或扩展系统的功能，以迅速适应不同的应用需要，而且组成系统的各功能模块可以源于不同的部件供应商并互相兼容。

开放式数控系统目前尚未形成统一的定义，美国电气电子工程师协会给出的开放式数控系统的定义：能够在多种平台上运行，可以与其他系统相互操作，并能给用户提供一种统一风格的交互方式。

1. 开放式数控系统的基本特点

（1）模块化。模块化是数控系统开放的基础，包括数控功能模块化和系统体系结构模块化。前者是指用户可以根据自己的要求选装所需的数控功能；后者是指数控系统内实现各个功能的算法是可分离的、可替换的。

（2）标准化。数控装置的开放是在一定的标准约束下进行的，各个公司开发的各种部件和功能模块必须符合这个标准。按这个标准生产的不同公司的产品可以拼装成一台集多家公司智慧的、功能完整的控制器。

（3）可移植性。不同应用程序模块可运行于不同生产商提供的系统平台，同时，系统软件也可运行于不同特性的硬件平台之上。因此，系统的功能软件应与设备无关，即应用统一的数据格式、控制机制，并且通过一致的设备接口，使各功能模块能运行于不同的硬件平台上。

（4）二次开发性。开放式数控系统应允许用户根据自身的需要进行二次开发。比较简单的二次开发包括用户界面的重新设计、参数设置等。深层的二次开发允许用户将自己设计的标准功能模块集成到开放式数控系统中。所以，系统应当提供接口标准，包括访问和修改系统参数的方法及开放式系统提供的 API（应用程序接口）和其他工具。

（5）网络化。现代意义上的网络化数控系统以通信和资源共享为手段，以车间乃至企业内的制造设备的有机集成为目标，支持 ISO-OSI 网络互联规范，能支持 Internet/Intranet 标准，具有很强的开放性，它的联网功能通过标准网络设备来实现，而不需要其他的接口部件或上位机。

2. 开放式数控系统的体系结构

开放式体系结构是从软件到硬件，从人机操作界面到底层控制内核的全方位开放。基于 PC 的开放式数控系统能充分地利用计算机的软件、硬件资源，可使用通用的高级语言方便地编制程序，用户可将标准化的外设、应用软件进行灵活地组合和使用。使用计算机同时也便于实现网络化。基于 PC 的开放式数控系统大致可分为以下三种类型：

（1）PC 嵌入 NC 型。PC 嵌入 NC 型是目前采用较多的一种结构形式，这种结构形式采用"PC＋运动控制器"形式建造数控系统的硬件平台，其中以工控机（Industrial Personal Computer，IPC）为主控计算机，组件采用商用标准化模块，总线采用 PC 总线形式，同时，以多轴运动控制器作为系统从机，进而构成主从分布式的结构体系。运动控制器通常以 PC 硬件插件的形式构成系统，完成机床运动控制、逻辑控制等功能。PC 作为系统的主处理器，主要完成系统管理、运动学计算等任务。

（2）NC 嵌入 PC 型。NC 嵌入 PC 型系统是将运动控制板或整个 CNC 单元（包括集成的 PLC）插入个人计算机的扩展槽。PC 将实现用户接口、文件管理及通信功能等，NC 卡将负责机床的运动控制和开关量控制。PC 做非实时处理，实时控制由 CNC 单元或运动控制板来承担，这种方法能够方便地实现人机界面的开放化和个性化。

（3）全软件型 NC。全软件型 NC 系统是指 CNC 的全部功能均由 PC 实现，并通过装在 PC 上扩展槽的伺服接口卡对伺服驱动等进行控制。其软件的通用性好，编程处理灵活。这种 CNC 装置的主体是 PC，充分利用 PC 不断提高的计算速度、不断扩大的存储量和性能不断优化的操作系统，实现机床控制中的运动轨迹控制和开关量的逻辑控制。

4.3　数控系统装置的组成

4.3.1　CNC 装置的组成

1. CNC 装置基本硬件构成

CNC 装置由 CPU、BUS、存储器、HMI、I/O 接口组成。

（1）中央处理单元（CPU）：是 CNC 系统的核心与"头脑"，主要具备的功能如下：

1）可进行算术、逻辑运算；

2）可保存少量数据；

3)能对指令进行译码并执行规定动作；

4)能与存储器、外设交换数据；

5)提供整个系统所需的定时和控制；

6)可响应其他部件发来的脉冲请求。

中央处理单元包括的部件有算术、逻辑部件、累加器和通用寄存器组、程序计数器、指令寄存器、译码器、时序和控制部件。

CNC 装置中常用的 CPU 数据宽度为 8 位、16 位、32 位和 64 位。CPU 满足软件执行的实时性要求，主要体现在 CPU 的字长、运算速度、寻址能力、中断服务等方面。

（2）总线（BUS）：总线是传送数据或交换信息的公共通道。CPU 板与其他模板（如存储器板、I/O 接口板等）之间的连接采用标准总线，标准总线按用途分为内部总线和外部总线。数控系统中常用的内部标准总线有 S-100、MULTI BUS、STD 及 VME 等；外部总线有串行（如 EIARS-232C）和并行（如 IEEE-488）总线两种。

总线按信息线的性质可分以下几种：

1)数据总线 DB（Data Bus）：CPU 与外界传送数据的通道；

2)地址总线 AB（Address Bus）：确定传输数据的存放地址；

3)控制总线 CB（Control Bus）：管理、控制信号的传送。

4)STD 总线。STD 总线最早在 1978 年由 Pro-Log 公司作为工业标准发明，由 STDGM 制定为 STD—80 规范，随后被批准为国际标准 IEE961。STD—80/MPX 作为 STD—80 追加标准，支持多主（MultiMaster）系统。STD 总线工控机是工业型计算机，STD 总线的 16 位总线性能满足嵌入式和实时性应用要求，特别是它的小板尺寸、垂直放置无源背板的直插式结构、丰富的工业 I/O OEM 模板、低成本、低功耗、扩展的温度范围、可操作性和良好的可维护性设计，使其在空间和功耗受到严格限制的、可操作性要求较高的工业自动化领域得到了广泛应用。STD 总线产品其实就是一种板卡（包括 CPU 卡）和无源母板结构。现在的工业 PC 其实也与 STD 有十分近似的结构，只不过两者的金手指定义完全不同。而且 STD 在 20 世纪 80 年代前后风行一时，是因为它对 8 位机（如 Z80 和它的变种系列）支持较好，目前好像没有大的发展，例如，很难支持 32 位模式，更不用说64 位了，它对流行的操作系统如 Windows 支持可能也有问题。

5)ProfiBUS-DP 总线 ProfiBUS 是世界上第一个开放式现场总线标准，从 1991 年德国颁布 FMS 标准（DIN 19245）至今已经历了几十年，现在已为全世界所接受。其应用领域覆盖了从机械加工、过程控制、电力、交通到楼宇自动化的各个领域。ProfiBUS 于 1995 年成为欧洲工业标准（EN 50170），1999 年成为国际标准（IEC 61158-3），2001 年被批准成为中华人民共和国工业自动化领域唯一的现场总线标准。ProfiBUS 在众多的现场总线中以其超过 40% 的市场占有率稳居榜首。著名的西门子公司提供上千种 ProfiBUS 产品，并已经把它们应用在许多自动控制系统中。

ProfiBUS 现场总线的优越性如下：

1)符合国际标准，系统扩容与升级无障碍；

2)信号采集和系统控制模块均就近安装在采集点和控制点附近，模块之间及模块和主控计算机之间仅使用一条通信线路连接，系统运行可靠性高，系统造价低，扩充和维修便利；

3)充分发挥计算机网络技术的优越性，整个系统实现计算机三级网络管理，即实现现场终端设备—运行管理网络—自动化管理软件系统三部分有机结合；任意网络计算机节点上均可查询系统信息并进行相应操作；

4)系统状态灵活：人机界面友好，菜单式操作便于使用，易于掌握。

（3）存储器(ROM、RAM)。存放 CNC 系统控制软件、零件程序、原始数据、参数、运算中间结果和处理后的结果的器件与设备。ROM 用于固化数控系统的系统控制软件。RAM 存放可能改写的信息。

（4）HMI。HMI 包括纸带阅读机、纸带穿孔机(很少见)、键盘、操作控制面板、显示器、外部存储设备。

（5）I/O 接口。CNC 装置与被控设备之间要交换的信息有开关量信号、模拟量信号、数字信号 3 类，然而这些信号一般不能直接与 CNC 装置相连，需要一个接口(设备辅助控制接口)对这些信号进行交换处理。其目的如下：

1)对上述信号进行相应的转换，输入时必须将被控设备有关的状态信息转换成数字形式，以满足计算机对输入输出信号的要求；输出时，应满足各种有关执行元件的输入要求。信号转换主要包括电平转换、数字量与模拟量的相互转换、数字量与脉冲量的相互转换及功率匹配等。

2)阻断外部的干扰信号进入计算机，在电气上将 CNC 装置与外部信号进行隔离，以提高 CNC 装置运行的可靠性。

必须能完成设备辅助控制接口的功能：电平转换、功率放大、电气隔离。

微机中 I/O 接口包括硬件电路和软件电路两大部分。由于选用的 I/O 设备或接口芯片不同，I/O 接口的操作方式也不同，因而其应用程度也不同。I/O 接口硬件电路主要由地址译码、I/O 读写译码和 I/O 接口芯片(如数据缓冲器和数据锁存器等)组成。在 CNC 系统中 I/O 的扩展是为控制对象或外部设备提供输入/输出通道，实现机床的控制和管理功能，如开关量控制、逻辑状态监测、键盘、显示器接口等。I/O 接口电路与其相连的外设硬件电路特性密切相关，如驱动功率、电平匹配、干扰抑制等。

I/O 接口包括人机界面接口、通信接口、进给轴位置控制接口、主轴控制接口、辅助功能控制接口等，具体介绍如下：

1)人机界面接口。

①键盘(Manual Data Input，MDI)；

②显示器(CRT)；

③操作面板(Operator Panel)；

④手摇脉冲发生器(MPG)。

2)通信接口。

①通常数控系统均具有标准的 RS-232 串行通信接口(DNC)；

②高档数控系统还具有 RS-485、MAP 以及其他网络接口。

3)进给轴位置控制接口。

①进给速度的控制；

②插补运算(基准脉冲法、采样数据法)；

③位置闭环控制。

4）主轴控制接口。

①主轴 S 功能：无级变速、有级变速、分段无级变速。

②主轴的位置反馈主要用于螺纹切削功能、主轴准停功能、主轴转速监控。

5）辅助功能控制接口。CNC 装置对设备的控制可分为两类：一类是对各坐标轴的速度和位置的轨迹控制；另一类是对设备动作的顺序控制。顺序控制是指在数控机床运行过程中，以 CNC 内部和机床各行程开关、传感器、按钮、继电器等开关量信号状态为条件，并按预先规定的逻辑顺序对如主轴的启停、换向，刀具的更换，工件的夹紧、松开，液压、冷却、润滑系统的运行等进行控制。辅助控制接口模块主要接收来自操作面板、机床上的各行程开关、传感器、按钮、强电柜里的继电器，以及主轴控制、刀库控制的有关信号、经处理后输出控制相应器件的运行。

2. CNC 装置的硬件结构

CNC 装置的硬件结构一般可分为单微处理机和多微处理机两大类。早期的 CNC 和现在一些经济型 CNC 系统都采用单微处理机结构。随着数控系统功能的增加，机床切削速度的提高，为适应机床向高精度、高速度、智能化的发展，以及适应更高层次自动化（FMS 和 CIMS）的要求，多微处理机结构得到了迅速发展。

（1）单微处理机结构。单微处理机结构只有一个微处理机，采用集中控制、分时方法处理数控的各个任务。有的 CNC 装置虽然有两个以上的微处理机，但其中只有一个微处理机能够控制系统总线，占有总线资源，而其他微处理机为专用的智能部件，不能访问主存储器，它们组成主从结构，这类结构也属于单微处理机结构。

单微处理机结构的框图如图 4-4 所示。从图中可以看出，它主要由中央处理单元（CPU）、存储器、总线、外设、输入接口电路、输出接口电路等部分组成，与普通计算机系统基本相同；不同的是，输出各坐标轴的数据信息，在位置控制环节中经过转换、放大后，需要推动机床工作台或刀架（负载）的运动；更为重要的是由计算机输出位置信息后，运动部件应尽可能不滞后地到达指令要求的位置。

单微处理机结构的特点如下：

1）CNC 系统中只有一个微处理机，对数据存储、插补运算、输入输出处理、CRT 显示等功能都由它集中控制、分时处理。

2）微处理机通过总线与存储器、输入输出控制、伺服控制机显示控制等构成 CNC 装置。

3）单微处理机系统结构简单，各种标准电路模板可很方便组成所需系统。

4）单微处理机系统是由一个微处理机集中控制，其功能受字符宽度、寻址能力和运算速度等指标限制，特别是用软件实现插补功能，其处理速度较慢，实时性很差，为解决这一不足，可以采用增加浮点处理器或增加硬件插补器等方法来解决，也可以采用多微处理器。

（2）多微处理机结构。多微处理机结构是由两个或两个以上的微处理机来构成的处理部件。各处理部件之间通过一组公用地址和数据总线进行连接，每个微处理机共享系统公用存储器或 I/O 接口，每个微处理机分担系统的一部分工作，从而将在单微处理机的 CNC 装置中顺序完成的工作转为多微处理机的并行、同时完成的工作，因而大大提高了整个系统的处理速度。

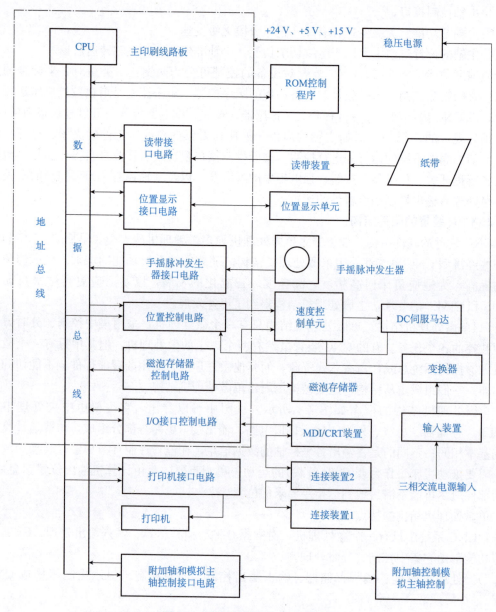

图 4-4　单微处理机 CNC 系统框图

1) 多微处理机 CNC 装置的结构分类。

①共享存储器结构。多微处理机共享存储器的结构框图如图 4-5 所示。其中包括 4 个微处理机，分别承担 I/O、CRT 显示、插补和轴控制功能，适于 2 坐标轴的车床，3、4、5 坐标轴的加工中心。该系统主要有 4 个子系统和 1 个公共数据存储器，每个子系统按照各自存储器所存储的程序执行相应的控制功能(如插补、轴控制、I/O 等)。这种分布式处理机系统的子系统之间不能直接进行通信，都要同公共数据存储器通信。在公共数据存储器板上有优先级编码器，规定伺服功能微机级别最高，其次是插补微机，最后是 I/O 微机等。当两个以上的微机同时请求时，优先编码器决定先接受的请求，对该请求发出承认信

号；相应的微机接到信号后，便把数据存到公共数据存储器的规定地址中，其他子系统则从该地址读取数据。

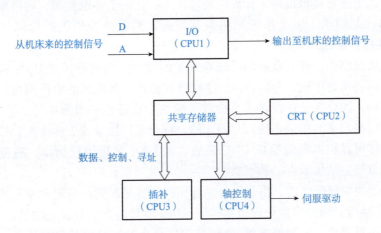

图 4-5　多微处理机共享存储器的结构

②共享总线结构。以系统总线为中心的多微处理机结构，称为多微处理机共享总线结构。CNC 装置中的各功能模块可分为带有 CPU 的主模块和不带 CPU 的各种（RAM/ROM，I/O）从模块两大类。所有主、从模块都插在配有总线插座的机柜内，共享标准系统总线。系统总线的作用是将各个模块有效地连接在一起，按要求交换数据和控制信息，构成一个完整的系统，实现各种预定的功能。只有主模块有权控制使用总线。由于某一时刻只能有 1 个主模块占有主线，因此必须由仲裁电路来裁决多个主模块同时请求使用系统总线的竞争。仲裁的目的是判别出各模块优先权的高低，而每个主模块的优先级别已按其担负任务的重要性被预先安排好。支持多微机系统的总线都有总线仲裁机构，通常有两种裁决的方式，即串行方式和并行方式。

多微处理机共享总线结构框图如图 4-6 所示。

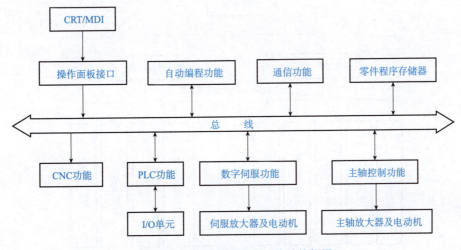

图 4-6　多微处理机共享总线结构框图

2）多微处理机的结构特点。

①性能价格比高。多微处理机结构中的每个微机完成系统中指定的一部分功能，独立执行程序。它比单微处理机提高了计算的处理速度，适用于多轴控制、高进给速度、高精度、高效率的控制要求。由于系统采用共享资源，而单微处理机的价格又比较低，使CNC装置的性能价格比大为提高。

②采用模块化结构，具有良好的适应性和扩展性。多微处理机的CNC装置大多采用模块化结构，可将微处理机、存储器、I/O控制组成独立微机级的硬件模块，相应的软件也采用模块结构，固化在硬件模块中。硬软件模块形成特定的功能单元，称为功能模块。功能模块间有明确定义的接口，接口是固定的，符合工厂标准或工业标准，彼此可以进行信息交换。这样可以积木式地组成CNC装置，使CNC装置设计简单、适应性和扩展性好、调整维修方便、结构紧凑、效率高。

③硬件易于组织规模生产。由于硬件是通用的，容易配置，只要开发新的软件就可构成不同的CNC装置，因此多微处理机结构便于组织规模生产，且保证质量。

④有很高的可靠性。多微处理机CNC装置的每个微机分管各自的任务，形成若干模块。即使某个模块出现了故障，其他模块仍能正常工作；而单微处理机的CNC装置，一旦出现故障就造成整个系统瘫痪。另外，多微处理机的CNC装置可进行资源共享，省去了一些重复机构，不但降低了成本，也提高了系统的可靠性。

4.3.2　软件组成

硬件是基础，软件是灵魂。CNC装置软件是一个典型而又复杂的专用实时控制系统，CNC系统软件的主要任务之一就是如何将由零件加工程序表达的加工信息，变换成各进给轴的位移指令、主轴速度指令和辅助动作指令，控制加工设备的轨迹运动和逻辑动作，加工出符合要求的零件。

CNC系统中的软件由管理软件和控制软件两部分组成，如图4-7所示。

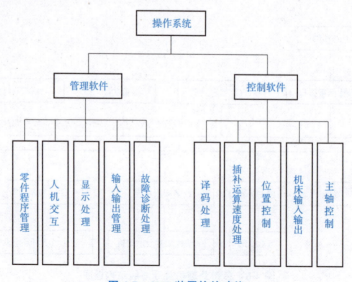

图4-7　CNC装置软件功能

CNC 的许多控制任务，如零件程序的输入与译码、刀具半径的补偿、插补运算、位置控制及精度补偿等都是由软件实现的。从逻辑上讲，这些任务可以看成一个个功能模块，模块之间存在着耦合关系；从时间上讲，各功能模块之间存在着一个时序配合问题。在设计 CNC 装置软件时，要考虑如何组织和协调这些功能模块，使之满足一定的时序和逻辑关系。

CNC 装置有两种类型的实时系统：软实时系统和硬实时系统。在软实时系统中，系统的宗旨是使各个任务运行得越快越好，并不要求限定某一任务必须在多长时间内完成；在硬实时系统中，各任务不仅要执行无误而且要做到准时。大多数实时系统是两者的结合。实时系统的应用涵盖广泛的领域，而多数实时系统又是嵌入式的。这意味着计算机建在系统内部，用户看不到有计算机在系统里。

4.3.3 CNC 操作实例

从外部特征来看，CNC 装置由硬件（通用硬件和专用硬件）和软件（专用）两大部分组成。CNC 装置的功能包括基本功能和辅助功能。基本功能是指数控系统基本配置的功能，即必备的功能，包括插补功能、控制功能、准备功能、进给功能、刀具管理功能、主轴功能、辅助功能、字符显示功能；辅助功能是指用户可以根据实际要求选择的功能，包括补偿功能、固定循环功能、图形显示功能、通信功能、人机对话功能。

具体介绍如下。

1. 控制功能

CNC 能控制和能联动控制的进给轴数应尽量多。CNC 的控制进给轴有移动轴和回转轴、基本轴和附加轴。例如，数控机床至少需要两轴联动，在具有多刀架的车床上需要两轴以上的控制轴。数控镗铣床、加工中心等需要有 3 根或 3 根以上的控制轴。联动控制轴数越多，CNC 系统就越复杂，编程也越困难。

2. 准备功能

准备功能即 G 功能，是指令机床动作方式的功能。

3. 插补功能和固定循环功能

插补功能是指数控系统实现零件轮廓（平面或空间）加工轨迹运算的功能。一般 CNC 系统仅具有直线插补和圆弧插补，而现在较为高档的数控系统还备有抛物线、椭圆、极坐标、正弦线、螺旋线，以及样条曲线插补等功能。在数控加工过程中，有些加工工序如钻孔、攻螺纹、镗孔、深孔钻削和切螺纹等，所需完成的动作循环十分典型，而且多次重复进行，数控系统事先将这些典型的固定循环用 C 代码进行定义，在加工时可直接使用这类 C 代码完成这些典型的动作循环，可大大简化编程工作。

4. 进给功能

数控系统的进给速度的控制功能，主要有以下 3 种：

(1) 进给速度：控制刀具相对工件的运动速度，单位为 mm/min；

(2) 同步进给速度：实现切削速度和进给速度的同步，单位为 mm/r，用于加工螺纹；

(3) 进给倍率（进给修调率）：人工实时修调进给速度。即通过面板的倍率波段开关为 0～200% 对预先设定的进给速度实现实时修调。

5. 主轴功能

数控装置的主轴的控制功能主要有以下几种：

（1）切削速度（主轴转速）：刀具切削点切削速度的控制功能，单位为 m/min(r/min)。

（2）恒线速度控制：刀具切削点的切削速度为恒速控制的功能，如端面车削的恒速控制。

（3）主轴定向控制：主轴周向定位控制于特定位置的功能。

（4）C 轴控制：主轴周向任意位置控制的功能。

（5）切削倍率（主轴修调率）：人工实时修调切削速度。即通过面板的倍率波段开关为 0～200％对预先设定的主轴速度实现实时修调。

6. 辅助功能

辅助功能即 M 功能，用于指令机床辅助操作的功能。

7. 刀具管理功能

刀具管理功能实现对刀具几何尺寸及刀具寿命的管理功能。

加工中心都应具有此功能，刀具几何尺寸是指刀具的半径和长度，这些参数供刀具补偿功能使用；刀具寿命一般是指时间寿命，当某刀具的时间寿命到期时，CNC 系统将提示用户更换刀具；另外，CNC 装置都具有 T 功能即刀具号管理功能，它用于标识刀库中的刀具及自动选择加工刀具。

8. 补偿功能

（1）刀具半径和长度补偿功能：该功能按零件轮廓编制的程序控制刀具中心的轨迹，以及在刀具磨损或更换时（刀具半径和长度变化），可对刀具半径或长度做相应的补偿。该功能由 G 指令实现。

（2）传动链误差：包括螺距误差补偿和反向间隙误差补偿功能，即事先测量出螺距误差和反向间隙，并按要求输入 CNC 装置相应的储存单元内，在坐标轴运行时，对螺距误差进行补偿；在坐标轴反向时，对反向间隙进行补偿。

（3）智能补偿功能：对如机床几何误差造成的综合加工误差、热变形引起的误差、静态弹性变形误差，以及由刀具磨损所带来的加工误差等，都可采用现代先进的人工智能、专家系统等技术建立模型，利用模型实施在线智能补偿，这是数控技术正在研究开发的技术。

9. 人机对话功能

在 CNC 装置中配有单色或彩色 CRT，通过软件可实现字符和图形的显示，以方便用户的操作和使用。在 CNC 装置中，人机对话功能有菜单结构的操作界面；零件加工程序的编辑环境；系统和机床参数、状态、故障信息的显示、查询或修改画面等。

10. 自诊断功能

一般的 CNC 装置或多或少都具有自诊断功能，尤其是现代的 CNC 装置，这些自诊断功能主要是用软件来实现的。具有自诊断功能的 CNC 装置可以在故障出现后迅速查明故障的类型及部位，便于及时排除故障，减少故障停机时间。

通常，不同的 CNC 装置所设置的诊断程序不同，可以包含在系统程序之中，在系统运行过程中进行检查，也可以作为服务性程序，在系统运行前或故障停机后进行诊断，查找故障的部位，有的 CNC 装置可以进行远程通信诊断。

11. 通信功能

CNC 装置与外界进行信息和数据交换的功能即通信功能。通常，CNC 装置都具有 RS-232C 接口，可与上级计算机进行通信，传送零件加工程序，有的还备有 DNC 接口，以利于实现直接数控，高档的系统还可以与 MAP（制造自动化协议）相连，以满足 FMS、CIMS、IMS 等大制造系统集成的要求。

4.4 认识数控系统和数控机床数据备份

活动 1：比较常见的 FANUC 和西门子循环编程指令

读一读：

（1）发那科（FANUC）系统：外径粗车循环 G71。

它适用于圆柱毛坯料粗车外径和圆筒毛坯料粗车内径。Δw 是轴向精车余量；Δu 是径向精车余量。Δd 是切削深度，e 是回刀时的径向退刀量（由参数设定）。（R）表示快速进给，（F）表示切削进给。

外径粗车循环的编程指令格式（以直径编程）：

G71 U(Δd) R(Δf)；

G71 P(ns) Q(nf) U(Δu) W(Δw) F ＿ S ＿ ；

程序段中各地址的定义如下：

ns——循环程序中第一个程序段的顺序号；

nf——循环程序中最后一个程序段的顺序号；

Δu——径向（X 轴方向）的精车余量（直径值）；

Δw——轴向（Z 轴方向）的精车余量；

Δd——每次吃刀深度（沿垂直轴线方向，即 AA' 方向）；

Δf——退刀距离。

当利用上述程序指令加工工件内径轮廓时，G71 就自动成为内径粗车循环，此时径向精车余量 Δu 应指定为负值。G71 只能完成外径或内径粗车。

（2）西门子（SINUMERIK）系统：毛坯切削循环 LCYC95（图 4-8）。

它适用于在坐标轴平行方向加工由子程序设置的轮廓，可以进行纵向加工和横向加工，也可以进行内外轮廓的加工。可以选择不同的切削工艺方式：粗加工、精加工或综合加工。只要刀具不会发生碰撞，就可以在任意位置调用此循环。调用循环之前，必须在所调用的程序中激活刀具补偿参数。

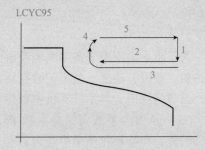

图 4-8　毛坯切削循环 LCYC95

参数说明见表 4-1。

表 4-1　参数说明

参数	含义
R105	加工类型(数值 1，2，…，12)
R106	精加工余量(无等号)
R108	切入深度
R109	粗加工切入角
R110	粗加工时的退刀量
R111	粗切进给率
R112	精切进给率

做一做：

搜索发那科(FANUC)系统、西门子(SINUMERIK)系统和华中数控系统的指令编程理念的异同点。

想一想：

我所认识的典型数控系统有几种？

活动 2　数控系统的数据备份(以西门子系统为例)

读一读：

数控系统的机床数据支持数控机床的运行，如果系统数据丢失，系统将不能正常工作，造成死机。

1. 备份数据类型

如果机床数控系统数据丢失，可通过 Siemens 专用编程器或通用计算机等传输工具及系统的 RS-232C(V.24)异步通信接口将程序、数据输入系统存储器。使用通用计算机时，可采用 Siemens V.24 专用软件 PCIN 来传输数据，PLC 程序也可使用 Siemens 专用 STEP5 编程软件送入。因此，需要有数控机床磁盘数据备份，如果厂家没有提供备份，也可通过上述办法将数据传输出来，制作备份。需要备份的文件有 NC 机床数据(%TEA1)、PLC 机床数据(%TEA2)、PLC 梯形图(%PCA)、PLC 报警文本(%PCP)、设定数据(%SEA)、R 参数(%RPA)、零点补偿(%ZOA)、刀具补偿(%TOA)，以及主程序(%MAP)、子程序(%SPF)等。

2. 数据传出

为了防止系统由于备用电池没电或模块损坏造成系统数据丢失，必须对用户数据进行备份。备份方法之一就是把数据从数控系统中传入计算机，之后作为电子文件进行保存，出现问题后，再用计算机把备份文件传回。

Siemens 810 系统报警文本和 PLC 程序的向外传输，只能在系统初始化菜单中进行。另外，在初始化菜单中还可以传输机床数据、设定数据和 PLC 数据。在通电之前把通信电缆一头插到系统集成面板上的通信接口上，另一头插到计算机 COM1 口上。数据系统通电，并使系统进入初始化菜单，按 DATA IN、DATA OUT 下面的软键，在屏幕上出现设定数据画面，如图 4-9 所示。

通常把通信设定数据设定成图 4-9 所示的数据，即把通信口 1 设置成数据通信口。

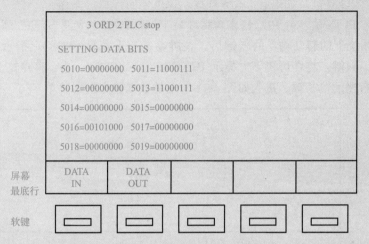

图 4-9 数据输入/输出功能显示

在计算机一侧启动 PCIN 软件，设置通信参数如下：

COM NUMBER 1

BAURATE：9600（波特率）

PARITY：EVEN（奇偶校验：偶校验）

2：STOPBIT（停止位）

7：DATABIT（数据位）

BINFILE：OFF

然后按 NC 系统集成面板上 DATA OUT 下面的软键，进入数据输出菜单，屏幕显示如图 4-10 所示。

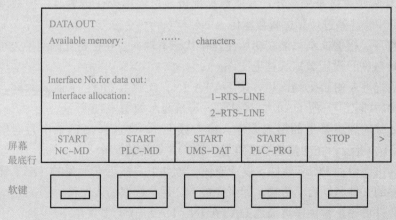

图 4-10 数据输出菜单画面

在屏幕 Interface No. for data out 右侧的方框中输入 1，即选择通信接口 1。

在计算机侧 PCIN 软件的 DATA IN(数据输入)菜单下，输入相应的文件名，在 NC 侧按相应的软键，即可把机床数据（NC-MD）、PLC 数据（PLC-MD）、PLC 程序（PLC-PRG)逐一传入计算机。如果有 UMS 数据，也可传回计算机保存。

注意：用 PCIN 输入的 PLC 程序只能用 PCIN 传回，不能使用 STEP5 编程软件传回。

按 NC 系统上的启动输出的软键后，在屏幕的右上角显示 DIO，指示接口已开通，如果再按同一软键，将在屏幕下方显示 INTERFACE BUSY，指示接口忙。

按软键右侧的">"键，进入如图 4-11 所示的数据输出扩展菜单。

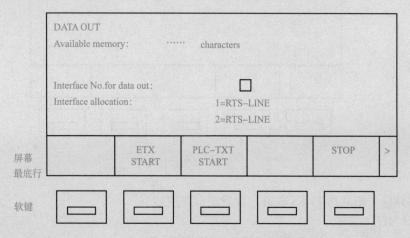

图 4-11　数据输出扩展菜单画面

这时可将报警文本（PLC-TXT)传入计算机。

按软键左侧的"∧"键，可返回上级菜单。

退出初始化状态，在正常操作页面的 DATA IN、DATA OUT 菜单下，其他数据可传入计算机。具体操作与上述相仿，这里不再赘述。

3. PCIN 软件进行数据传入

除 PLC 程序和报警文本外，其他数据都可通过面板操作键输入，但效率较低。建议使用 PCIN 软件通过计算机将数据传入 NC。

PLC 程序、报警文本只能在初始化操作状态下输入。在初始化画面中也可输入机床数据、PLC 数据、设定数据等其他文件。

数控系统进入初始化画面后，按 DATA IN、DATA OUT 下面的软键，设置通信设定数据位后（同上），按 DATA IN 软键，屏幕显示如图 4-12 所示。

将光标移动到屏幕上的输入方框，输入数字 1，即选择接口 1 作为通信接口。按 START(启动)键后，在屏幕的右上角显示 DIO，等待数据输入。

在计算机侧启动 PCIN 软件，设置通信参数如上，然后在 DATA OUT 输出菜单下选择要传输的文件名，启动传输，即可完成 NC 系统数据输入工作。

其他文件可在正常操作页面的 DATA IN、DATA OUT 菜单下进行。

如果在系统数据丢失后向系统输入数据，可先进入初始化状态对系统进行初始化，然后传输数据。

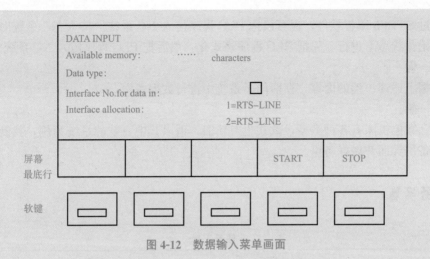

图 4-12　数据输入菜单画面

4. 利用 STEP5 编程软件传入/传出 PLC 用户程序

利用 STEP5 编程软件时，首先把 810 系统的接口设置成 PLC 接口，在系统 SET-TING DATA 菜单下，将通信口数据设置成如下的 PLC 方式：

5010＝00000100　　5011＝11000111

5012＝00000000　　5013＝11000111

5014＝00000000　　5015＝00000000

5016＝00000000　　5017＝00000000

之后按系统 DATA IN、DATA OUT 下面的软键，系统显示如图 4-13 所示。

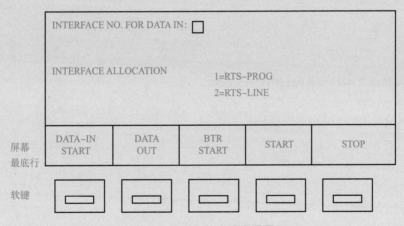

图 4-13　PLC 接口设定画面

将光标移动到方格位置，然后输入"1"，即把输入/输出接口设置成 1 号接口。按 DATA-IN START 下面的软键，在屏幕的右上角出现字符 DIO，指示 NC 系统 PLC 接口已开。这时在计算机或编程器一侧启动 STEP5 编程软件，把工作方式设置成"ON-LINE"，此时利用 STEP5 编程软件传输功能就可以把 PLC 程序从 NC 系统中传出，存储在计算机或编程器中（注意，此时传出的 PLC 程序只能用 STEP5 编程软件送回）。

　　通过 STEP5 编程软件，也可以把 PLC 程序传入 NC 系统。传入 NC 系统时，一定要在初始化状态下进行，先把 PLC 程序格式化，然后把 PLC 程序传入 NC 系统。

做一做：

根据上述读一读的内容，在西门子系统中进行数据备份。

想一想：

实际数控机床有各种类型，款式也有新旧，请以其中一款的系统为例，找到数控系统数据备份界面并做好备份。

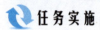 **任务实施**

任务工单

姓名		班级		日期	

活动一：

1. 根据活动 1 的要求，写出 FANUC 程序和西门子程序的区别。

2. 写出常见的数控机床的种类。

活动二：

任务描述：

按照任务学习的要求对数控设备系统进行数据设备维护。

任务分组：

任务计划：

姓名		班级		日期	

任务实施：

任务总结：

任务评价

项目	内容	配分	评分要求	得分
认识数控机床系统	知识目标（40分）	10	知道数控系统数据备份的类型，每少一种扣5分	
		10	熟悉 STEP5 程序设置、通信口设置，每错1处扣2分	
		20	能通过网络和工具书查询备份西门子机床的 PLC 程序	
	技能目标（45分）	10	正确完成参数设置(设备端)，错误一处扣5分，扣完为止	
		10	正确完成参数设置(软件端)，错误一处扣5分，扣完为止	
		15	完成数据传输，未出现错误报警	
		10	能完整描述数控机床的相关数据备份过程	
认识数控机床系统	职业素养、职业规范与安全操作（15分）	5	仔细阅读相关说明书，能确保在安全情况下操作，未达成扣5分	
		5	接插元器件时未断电插补或未按要求插拔到位，扣5分	
		5	传输工具使用完毕后未能整齐摆放，扣5分	
	总分			

思考与练习

1. 典型的数控系统有哪些？
2. 经济型数控机床包含哪些结构？
3. 数控机床软件结构包含哪些内容？
4. 开放式数控系统有哪些特点？
5. CNC 装置硬件由哪些结构组成？
6. 多微处理器有哪些特点？
7. CNC 装置的功能有哪些？

项目 5　认识数控机床的维护原理

项目引入

　　数控机床的维护对于精密设备来说至关重要。一台数控设备主要包括主传动系统、主轴部件、进给系统、换刀装置和辅助装置等。作为数控操作工和维修装调工，除掌握基本的数控加工技能外，还需要对设备有深入的了解，并能够在日常操作过程中对设备进行基本的维护和保养。本项目将通过讲解相关知识和实践操作，如开机调试等，深入浅出地介绍日常维护技巧，帮助学生全面了解数控维护的原理和基础知识。通过学习和实践，学生将能够更好地理解和掌握数控机床的维护方法，提高设备的稳定性和可靠性，延长其使用寿命。

学习目标

　　知识目标：
　　1. 了解数控机床中常见的传动系统、刀具系统、辅助系统；
　　2. 了解数控机床常见的维护知识；
　　3. 了解数控机床开机调试的步骤和方法。

大国工匠案例五

　　技能目标：
　　1. 能够掌握数控机床维护的技巧和方法；
　　2. 通过同步操作和实践，能够掌握数控机床的基本维护方法。
　　素养目标：
　　1. 通过团队合作，深入了解数控机床的维护和保养要求；
　　2. 通过网络、文本发现问题、寻找问题，提高解决问题的能力。

项目分析

　　通过对数控机床传动系统、刀具系统、辅助系统设备的介绍，学生可以初步了解数控机床的组成；通过实际操作和演示，学生可以掌握一部分的操作技巧和方法；通过网络和在线课程的进一步学习，学生可以拓展相关知识，以适应未来的工作场景。

内容概要

　　数控机床包括 CNC 系统、主传动系统、主轴部件、进给系统、换刀装置、辅助装置等。本项目将首先介绍相关装置，并以数控机床开机调试和日常维护为例，带动学生实践相关操作。本项目涉及的知识点如下：

(1)数控机床的主传动系统和主轴部件、进给传动系统；

(2)数控机床的自动换刀装置；

(3)数控机床的其他辅助装置；

(4)数控机床开机、调试；

(5)数控机床常见的维护知识。

5.1 数控机床的主传动系统和主轴部件、进给传动系统

数控机床是高精度和高生产率的自动化机床，其加工过程中的动作顺序、运动部件的坐标位置及辅助功能，都是通过数字信息自动控制的，操作者在加工过程中无法干预，不能像在普通机床上加工零件那样，对机床本身的结构和装配的薄弱环节进行人为补偿，所以，数控机床在绝大多数方面均要求比普通机床设计得更为完善，制造得更为精密。为满足高精度、高效率、高自动化程度的要求，数控机床的结构设计已形成自己的独立体系，在这一结构的完善过程中，数控机床出现了不少新颖的结构及元件。与普通机床相比，数控机床机械结构具有许多特点。

(1)在主传动系统方面，数控机床机械结构具有下列特点。

1)目前数控机床的主传动电动机已不再采用普通的交流异步电动机或传统的直流调速电动机，它们已逐步被新型的交流调速电动机和直流调速电动机所代替。

2)转速高，功率大。电动机转速高、功率大，能使数控机床进行大功率切削和高速切削，实现高效率加工。

3)变速范围大。数控机床的主传动系统要求有较大的调速范围，一般 $R_n > 100$，以保证加工时能选用合理的切削用量，从而获得最佳的生产率、加工精度和表面质量。

4)主轴速度的变换迅速、可靠。数控机床的变速是按照控制指令自动进行的，因此，变速机构必须适应自动操作的要求。由于直流和交流主轴电动机的调速系统日趋完善，不仅能够方便地实现宽范围的无级变速，而且减少了中间传递环节，提高了变速控制的可靠性。

(2)在进给传动系统方面，数控机床机械结构具有下列特点。

1)尽量采用低摩擦的传动副。如采用静压导轨、滚动导轨和滚珠丝杠等，以减小摩擦力。

2)选用最佳的降速比，以提高机床分辨率，以及使工作台尽可能大地加速，以达到跟踪指令、系统折算到驱动轴上的惯量尽量小的要求。

3)缩短传动链及用预紧的方法提高传动系统的刚度。例如，采用大转矩、宽调速的直流电动机与丝杠直接相连，应用预加负载的滚动导轨和滚动丝杠副、将丝杠支承设计成两端轴向固定的并可预拉伸的结构等办法来提高传动系统的刚度。

4)尽量消除传动间隙，减小反向死区误差。例如，采用消除间隙的联轴节和传动副等。

5.1.1 数控机床的主传动系统

1. 对主传动系统的要求

(1)具有更大的调速范围，并能实现无级调速。数控机床为了保证加工时能选用合理

的切削用量，从而获得最高的生产率、加工精度和表面质量，必须具有更大的调速范围。对于自动换刀的数控机床，为了适应各种工序和各种加工材料的需要，主运动的调速范围还应进一步扩大。

（2）有较高的精度和刚度，传动平稳，噪声低。数控机床加工精度的提高，与主传动系统具有较高的精度密切相关。为此，要提高传动件的制造精度与刚度，齿轮齿面应高频感应加热淬火以增加耐磨性；最后一级采用斜齿轮传动，使传动平稳；采用精度高的轴承及合理的支承跨距等，以提高主轴组件的刚性。

（3）良好的抗振性和热稳定性。数控机床在加工时，可能由于断续切削、加工余量不均匀、运动部件不平衡，以及切削过程中的自振等原因引起的冲击力或交变力的干扰，使主轴产生振动，影响加工精度和表面粗糙度，严重时可能破坏刀具或主传动系统中的零件，使其无法工作。主传动系统的发热使其中所有零部件产生热变形，降低传动效率及零部件之间的相对位置精度和运动精度，造成加工误差。为此，主轴组件要有较高的固有频率，实现动平衡，保持合适的配合间隙并进行循环润滑等。

2. 主传动的变速方式

数控机床的主传动要求较大的调速范围，以保证加工时能选用合理的切削用量，从而获得最佳的生产率、加工精度和表面质量。

数控机床的变速是按照控制指令自动进行的，因此，变速机构必须适应自动操作的要求，故大多数数控机床采用无级变速系统。

数控机床主传动系统主要有以下3种配置方式。

（1）带有变速齿轮的主传动（图5-1）。大、中型数控机床采用这种配置方式较多。它通过少数几对齿轮的降速，实现分段无级变速，确保低速时的转矩，以满足主轴输出转矩特性的要求。但有一部分小型数控机床也采用这种传动方式，以获得强力切削时所需要的转矩。滑移齿轮的移位大多采用液压拨叉或直接由液压缸带动齿轮来实现。变速齿轮主要应用在小型数控机床上，可以避免齿轮传动时引起的振动和噪声，但它只能适用于低转矩特性要求的主轴。

（2）通过带传动的主传动（图5-2）。同步带传动是一种综合了带、链传动优点的新型传动。同步带的结构和传动如图5-2所示。带的工作面及带轮外圆上均制成齿形，通过带轮与轮齿相嵌合，做无滑动的啮合传动。带内采用了承载后无弹性伸长的材料做强力层，以保持带的节距不变，使主、从动带轮可做无相对滑动的同步传动。

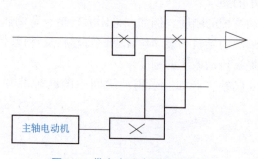

图5-1　带有变速齿轮的主传动

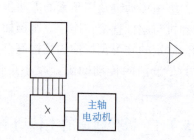

图5-2　通过带传动的主传动

(3)由调速电动机直接驱动的主传动(图 5-3)。这种主传动方式大大简化了主轴箱体与主轴的结构，有效地提高了主轴部件的刚度，但主轴输出转矩小，电动机发热对主轴的精度影响较大。

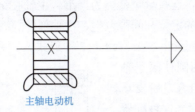

主轴电动机

图 5-3　由调速电动机直接驱动的主传动

5.1.2　数控机床的主轴部件

1. 主轴部件

对于一般数控机床和自动换刀数控机床(加工中心)来说，由于采用了电动机无级变速，减少了机械变速装置，因此主轴箱的结构较普通机床简化，但主轴箱材料要求较高，一般采用 HT250 或 HT300，制造与装配精度也较普通机床高。

对于数控落地铣镗床来说，主轴箱结构比较复杂，主轴箱可沿立柱上的垂直导轨做上下移动，主轴可在主轴箱内做轴向进给运动。除此以外，大型落地铣镗床的主轴箱结构还有携带主轴的部件做前后进给运动的功能，它的进给方向与主轴的轴向进给方向相同。此类机床的主轴箱结构通常有滑枕式和主轴箱移动式两种。

(1)滑枕式。数控落地铣镗床有圆形滑枕、方形或矩形滑枕及棱形或八角形滑枕。滑枕内装有铣轴和镗轴，除镗轴可实现轴向进给外，滑枕自身也可做沿镗轴轴线方向的进给，且两者可以叠加。滑枕进给传动的齿轮和电动机是与滑枕分离的，通过花键轴或其他系统将运动传给滑枕以实现进给运动。

(2)主轴箱移动式。主轴箱移动式有两种形式：一种是主轴箱移动式；另一种是滑枕主轴箱移动式。

1)主轴箱移动式。主轴箱内装有铣轴和镗轴，镗轴实现轴向进给，主轴箱箱体在滑板上可做沿镗轴轴线方向的进给。箱体作为移动体，其断面尺寸远比同规格滑枕式铣镗床大得多。这种主轴箱端面可以安装各种大型附件，使其工艺适应性增加，扩大了功能。其缺点是接近工件性能差，箱体移动时对平衡补偿系统的要求高，主轴箱热变形后产生的主轴中心偏移大。

2)滑枕主轴箱移动式。滑枕主轴箱移动式的铣镗床，其本质仍属于主轴箱移动式，只是把大断面的主轴箱移动体做成同等主轴直径的滑枕式。这种主轴箱结构的铣轴和镗轴及其传动和进给驱动机构都安装在滑枕内，镗轴实现轴向进给，滑枕在主轴箱内做沿镗轴轴线方向的进给。滑枕断面尺寸比同规格的主轴箱移动式的主轴箱小，但比滑枕移动式的主轴箱大。其断面尺寸足可以安装各种附件。这种结构形式不仅具有主轴箱移动式的传动链短、输出功率大及制造方便等优点，同时，还具有滑枕式的接近工件方便、灵活的优点，克服了主轴箱移动式的危险断面和主轴中心受热变形后位移大等缺点。

2. 主轴组件

机床的主轴部件是机床的重要部件之一，它带动工件或刀具执行机床的切削运动，因此，数控机床主轴部件的精度、抗振性和热变形对加工质量有直接的影响，由于数控机床在加工过程中不进行人工调整，这些影响就更为严重。主轴在结构上要处理好卡盘或刀具的装卡、主轴的卸荷、主轴轴承的定位和间隙调整、主轴部件的润滑和密封等一系列问题。

（1）数控机床的主轴轴承配置，主要有以下 3 种形式。

1）前支承采用圆锥孔双列圆柱滚子轴承和双向推力角接触球轴承组合，后支承采用呈对角接触球轴承（图 5-4）。这种配置方式使主轴的综合刚度得到大幅度提高，可以满足强力切削的要求，所以，目前各类数控机床的主轴普遍采用这种配置方式。

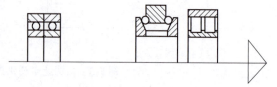

图 5-4　第一种配置方式

2）前轴承采用高精度双列向心推力球轴承（图 5-5）。推力球轴承具有较好的高速性能，主轴最高转速可达 4 000 r/min，但是这种轴承的承载能力小，因而适用于高速、轻载和精密的数控机床主轴。

3）双列圆锥滚子轴承和圆锥滚子轴承（图 5-6）。这种轴承径向和轴向刚度高，能承受重荷载，尤其能承受较大的动荷载，安装与调整性能好，但是这种轴承配置方式限制了主轴的最高转速和精度，所以仅适用于中等精度、低速与重载的数控机床主轴。

图 5-5　第二种配置方式　　　　　图 5-6　第三种配置方式

随着材料工业的发展，在数控机床主轴中有使用陶瓷滚珠轴承的趋势。这种轴承的优点是滚珠质量轻，离心力小，动摩擦力矩小；因温升引起的热膨胀小，使主轴的预紧力稳定；弹性变形量小，刚度高，寿命长。其缺点是成本较高。

在主轴的结构上，要处理好卡盘或刀具的装夹、主轴的卸荷、主轴轴承的定位和间隙的调整、主轴组件的润滑和密封，以及工艺上的一系列问题。为了尽可能地减少主轴组件温升引起的热变形对机床工作精度的影响，通常利用润滑油的循环系统把主轴组件的热量带走，使主轴组件和箱体保持恒定的温度。在某些数控铣镗床上采用专用的制冷装置，比较理想地实现了温度控制。近年来，某些数控机床的主轴轴承采用高级油脂润滑，每加一次油脂可以使用 7～10 年，简化了结构，降低了成本且维护、保养简单。但须防止润滑油和油脂混合，通常采用迷宫式密封方式。

对于数控车床主轴，因为在它的两端安装着动力卡盘和夹紧液压缸，主轴刚度必须进一步提高，并应设计合理的连接端，以改善动力卡盘与主轴端部的连接刚度。

（2）主轴内刀具的自动夹紧和切屑清除装置。在带有刀库的自动换刀数控机床中，为实现刀具在主轴上的自动装卸，其主轴必须设计有刀具的自动夹紧机构。自动换刀立式铣镗床主轴的刀具夹紧机构如图 5-7 所示。刀夹 1 以锥度为 7∶24 的锥柄在主轴 3 前端的锥孔中定位，并通过拧紧在锥柄尾部的拉钉 2 拉紧在锥孔中。夹紧刀夹时，液压缸 7 上腔接通回油，弹簧 11 推活塞 6 上移，处于图示位置，拉杆 4 在碟形弹簧 5 的作用下向上移动；由于此时安装在拉杆前端径向孔中的钢球 12 进入主轴孔中直径较小的 d_2 处，被迫径向收拢而卡进拉钉 2 的环形凹槽内，因而刀杆被拉杆拉紧，依靠摩擦力紧固在主轴上。切削转矩则由端面键 13 传递。换刀前需将刀夹松开，压力油进入液压缸上腔，活塞 6 推动拉杆 4 向下移动，碟形弹簧被压缩；当钢球 12 随拉杆一起下移至进入主轴孔直径较大的 d_1 处时，它就不再能约束拉钉的头部，紧接着拉杆前端内孔的台肩端面遇到拉钉，把刀夹顶松。此时行程开关 10 发出信号，换刀机械手随即将刀夹取下。与此同时，压缩空气管接头 9 经活塞和拉杆的中心通孔吹入主轴装刀孔，把切屑或脏物清除干净，以保证刀具的安装精度。机械手把新刀装上主轴后，液压缸 7 接通回油，碟形弹簧又拉紧刀夹。刀夹拉紧后，行程开关 8 发出信号。自动清除主轴孔中的切屑和灰尘是换刀操作中的一个不容忽视

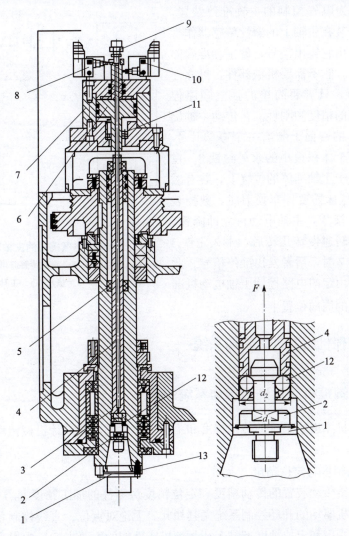

图 5-7 自动换刀立式铣镗床主轴的刀具夹紧机构（JCS-018）

1—刀夹；2—拉钉；3—主轴；4—拉杆；5—碟形弹簧；6—活塞；7—液压缸；
8、10—行程开关；9—压缩空气管接头；11—弹簧；12—钢球；13—端面键

的问题。如果在主轴锥孔中掉进了切屑或其他污物，在拉紧刀杆时，主轴锥孔表面和刀杆的锥柄就会被划伤，甚至使刀杆发生偏斜，破坏刀具的正确定位，影响加工零件的精度，甚至使零件报废。为了保持主轴锥孔的清洁，常用压缩空气吹屑。活塞6的中心钻有压缩空气通道，当活塞向左移动时，压缩空气经拉杆4吹出，将主轴锥孔清理干净。喷气头中的喷气小孔要有合理的喷射角度，并均匀分布，以提高其吹屑效果。

3. 主轴准停装置

在自动换刀数控铣镗床上，切削转矩通常是通过刀杆的端面键来传递的，因此在每次自动装卸刀杆时，都必须使刀柄上的键槽对准主轴上的端面键，这就要求主轴具有准确的周向定位的功能。在加工精密坐标孔时，由于每次都能在主轴固定的圆周位置上装刀，就能保证刀尖与主轴相对位置的一致性，从而提高孔径的正确性，这是主轴准停装置带来的另一个好处。

图5-8所示为电气控制的主轴准停装置，这种装置利用安装在主轴上的磁性传感器作为位置反馈部件，由它输出信号，使主轴准确停止在规定位置上，它不需要机械部件，可靠性好、准停时间短，只需要简单的强电顺序控制，就能实现高的精度和刚性。在传动主轴旋转的多楔带轮1的端面上装有一个厚垫片4，垫片上又装有一个体积很小的永久磁铁3。在主轴箱箱体对应于主轴准停的位置上，装有磁性传感器2。当机床需要停车换刀时，数控装置发出主轴停转指令，主轴电动机立即降速，在主轴5以最低转速慢转几转后，永久磁铁3对准磁性传感器2时，后者发出准停信号。此信号经放大后，由定向电路控制主轴电动机准确地停止在规定的周向位置上。

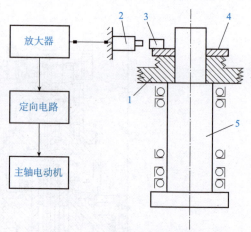

图 5-8　电气控制的主轴准停装置
1—多楔带轮；2—磁性传感器；3—永久磁铁；
4—垫片；5—主轴

5.1.3　数控机床的进给传动系统

5.1.3.1　数控机床对进给传动系统的要求

为确保数控机床进给系统的传动精度和工作平稳性等，在设计机械传动装置时，提出如下要求。

1. 高的传动精度与定位精度

数控机床进给传动装置的传动精度和定位精度对零件的加工精度起着关键性的作用，对采用步进电动机驱动的开环控制系统尤其如此。无论对点位、直线控制系统，还是轮廓控制系统，传动精度和定位精度都是表征数控机床性能的主要指标。为提高传动精度和定位精度，在设计中可采用的办法有：在进给传动链中加入减速齿轮，以减小脉冲当量；预紧传动滚珠丝杠；消除齿轮、蜗轮等传动件的间隙等。由此可见，机床本身的精度，尤其是伺服传动链和伺服传动机构的精度，是影响工作精度的主要因素。

2. 很宽的进给调速范围

伺服进给系统在承担全部工作负载的条件下，应具有很宽的调速范围，以适应各种工件材料、尺寸和刀具等变化的需要，工作进给速度范围可达 $3\sim6\,000$ mm/min。为了实现精密定位，伺服系统的低速趋近速度达 0.1 mm/min；为了缩短辅助时间，提高加工效率，快速移动速度应高达 15 m/min。在多坐标联动的数控机床上，合成速度维持常数，是保证表面粗糙度要求的重要条件；为保证较高的轮廓精度，各坐标方向的运动速度也要配合适当。这是对数控系统和伺服进给系统提出的共同要求。

3. 响应速度要快

所谓快速响应特性，是指进给系统对指令输入信号的响应速度及瞬态过程结束的迅速程度，即跟踪指令信号的响应要快；定位速度和轮廓切削进给速度要满足要求；工作台应能在规定的速度范围内灵敏且精确地跟踪指令，进行单步或连续移动，在运行时不出现丢步或多步现象。进给系统响应速度的大小不仅影响机床的加工效率，而且影响加工精度。设计中应使机床工作台与其传动机构的刚度、间隙、摩擦及转动惯量尽可能达到最佳值，以提高进给系统的快速响应特性。

4. 无间隙传动

进给系统的传动间隙一般是指反向间隙，即反向死区误差，它存在于整个传动链的各传动副中，直接影响数控机床的加工精度。因此，应尽量消除传动间隙，减小反向死区误差。设计中可采用消除间隙的联轴节及传动副等方法。

5. 稳定性好、寿命长

稳定性是伺服进给系统能够正常工作的最基本的条件，特别是在低速进给情况下不产生爬行，并能适应外加负载的变化而不发生共振。稳定性与系统的惯性、刚性、阻尼及增益等都有关系，适当选择各项参数，并能达到最佳的工作性能，是伺服系统设计的目标。所谓进给系统的寿命，主要是指其保持数控机床传动精度和定位精度的时间长短，以及各传动部件保持其原来制造精度的能力。设计中各传动部件应选择合适的材料及合理的加工工艺与热处理方法，对于滚珠丝杠和传动齿轮，必须具有一定的耐磨性和适宜的润滑方式，以延长其寿命。

6. 使用、维护方便

数控机床属于高精度自动控制机床，用于单件、中小批量、高精度及复杂件的生产加工，机床的开机率相应就高，因此，进给系统的结构设计应便于维护和保养，最大限度地减少维修工作量，以提高机床的利用率。

5.1.3.2 进给传动机构

在数控机床中，无论是开环伺服进给系统还是闭环伺服进给系统，为了达到前述提出的要求，机械传动装置的设计中应尽量采用低摩擦的传动副，如滚珠丝杠等，以减小摩擦力；通过选用最佳降速比来降低惯量；采用预紧的办法来提高传动刚度；采用消隙的办法来减小反向死区误差等。

下面从机械传动的角度对数控机床伺服系统的主要传动装置进行扼要介绍。

1. 减速机构

（1）齿轮传动装置。齿轮传动是应用非常广泛的一种机械传动，各种机床中传动装置多数离不开齿轮传动。在数控机床伺服进给系统中采用齿轮传动装置的目的有两个：一是将高转速、低转矩的伺服电动机（如步进电动机、直流或交流伺服电动机等）的输出，改变为低转速、高转矩的执行件的输出；二是使滚珠丝杠和工作台的转动惯量在系统中占有较小的比重。此外，对开环系统还可以保证所要求的精度。

1）速比的确定。

①开环系统。在步进电动机驱动的开环系统中（图 5-9），步进电动机至丝杠间设有齿轮传动装置，其速比取决于系统的脉冲当量、步进电动机的步距矩角及滚珠丝杠的导程，其运动平衡方程式为

$$\frac{1}{m}iL=\delta$$

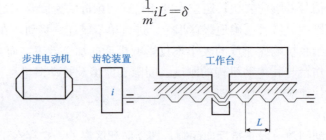

图 5-9　开环系统丝杠传动

所以其速比可计算如下：

$$i=\frac{m\delta}{L}=\frac{360°\delta}{\alpha L}$$

式中　m——步进电动机每转所需的脉冲数$\left(m=\frac{360°}{\alpha}\right)$；

　　　α——步进电动机步距角[（°）/脉冲]；

　　　δ——脉冲当量（mm/脉冲）；

　　　L——滚珠丝杠的导程（mm）。

因为开环系统执行件的运动位移取决于脉冲数，故计算出的速比不能随意更改。

②闭环系统。对于闭环系统，执行件的位置取决于反馈检测装置，与运动速度无直接关系，其速比主要是由驱动电动机的额定转速或转矩，以及与机床要求的进给速度或负载转矩决定的，所以可对它进行适当的调整。电动机至丝杠间的速比运动平衡方程式如下：

$$niL=v$$

即

$$i=\frac{v}{nL}$$

式中　n——伺服电动机的转速，$n=\frac{60f}{m}$（r/min）；

　　　f——脉冲频率（次/s）；

　　　v——工作台在电动机转速为 n 时的移动速度 $v=60f\delta$（mm/min）。

式中其余符号意义同前。

当负载和丝杠转动惯量在总转动惯量中所占比重不大时，齿轮速比可取上面计算出的数值，即降速不必过多，这样不仅可以简化伺服传动链，而且可以降低伺服放大器的增益。当主要考虑静态精度或低平滑跟踪时，可选降速多一些，这样可以减少电动机轴上的负载转动惯量，并且可以减少负载转动惯量对稳态差异的影响。

2)啮合对数及各级速比的确定。

在驱动电动机至丝杠的总降速比一定的情况下，若啮合对数及各级速比选择不当，将会增加折算到电动机轴上的总转动惯量，从而增大电动机的时间常数，并增大驱动转矩。因此，应按最小转动惯量的要求选择齿轮啮合对数及各级降速比，使其具有良好的动态性能。

图 5-10 所示为机械传动装置中的两对齿轮降速后，将运动传送到丝杠的示意。第一对齿轮的降速比为 i_1，第二对齿轮的降速比为 i_2，其中 i_1 及 i_2 均大于 1。假定小齿轮 A、C 直径相同，大齿轮 B、D 为实心齿轮。这两对齿轮折算到电动机轴的总转动惯量 J 为

$$J = J_A + \frac{J_B}{i_1^2} + \frac{J_C}{i_1^2} + \frac{J_D}{i_1^2 i_2^2}$$

$$= J_A + \frac{J_A i_1^4}{i_1^2} + \frac{J_A}{i_1^2} + \frac{J_A i_2^4}{i_1^2 i_2^2}$$

$$= J_A \left(1 + i_1^2 + \frac{1}{i_1^2} + \frac{i_2^2}{i_1^2} \right)$$

$$= J_A \left(1 + i_1^2 + \frac{1}{i_1^2} + \frac{i^2}{i_1^4} \right)$$

式中 i——总降速比，$i = i_1 i_2$。

令 $\dfrac{\partial J}{\partial i_1} = 0$，可得最小转动惯量的条件：

$$i_1^6 - i_1^2 - 2i^2 = 0$$

将 $i = i_1 i_2$ 代入上式，得两对齿轮间满足最小转动惯量要求的降速比关系式为

$$i_2 = \sqrt{\frac{i_1^4 - 1}{2}} \approx \frac{i_1^2}{\sqrt{2}}$$

不同啮合对数时，也可相应地得到各级满足最小转动惯量要求的降速比关系式，若为三级传动，则可按上述方法求得三级传动比为

$$i_2 = i_1^2 / \sqrt{2}$$

$$i_3 = i_1^2 / \sqrt{2}$$

$$i = i_1 i_2 i_3$$

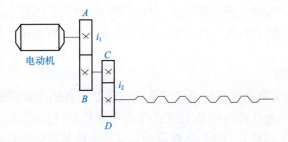

图 5-10　两对齿轮降速传动

计算出各级齿轮降速比后，还应进行机械进给装置的惯量验算。对开环系统，机械传动装置折算到电动机轴上的负载转动惯量应小于电动机加速要求的允许值。对闭环系统，除满足加速要求外，机械传动装置折算到电动机轴上的负载转动惯量应与伺服电动机转子转动惯量合理匹配，如果电动机转子转动惯量远小于机械进给装置的转动惯量（折算到电动机转子轴上），则机床进给系统的动态特性主要取决于负载特性，此时运动部件（包括工件）不同质量的各坐标的动态特性将有所不同，使系统不易调整。根据实践经验推荐，伺服电动机转子转动惯量 J_M 与机械进给装置折算到电动机轴上的转动惯量 J_L 相匹配的合理关系式为

$$\frac{1}{4}\leqslant\frac{J_L}{J_M}\leqslant1$$

设电动机经过一对齿轮传动丝杠时，若 J_1 为小齿轮的转动惯量，J_2 为大齿轮的转动惯量，J_S 为丝杠的转动惯量，W 为工作台重力，齿轮副降速比为 $i(i>1)$，L 为丝杠螺距，则

$$J_L=J_1+\frac{J_2}{i^2}+\frac{J_S}{i^2}+\frac{W}{gi^2}\left(\frac{L}{2\pi}\right)^2$$

即

$$J_L=J_1+J_1i^2+\frac{J_S}{i^2}+\frac{W}{gi^2}\left(\frac{L}{2\pi}\right)^2$$

机械伺服进给系统选用的伺服电动机，当工作台为最大进给速度时，其最大转矩 $T_{\max}$ 应满足机床工作台的加速度要求。若 $\alpha_{\max}$ 为伺服电动机能达到的最大加速度，常取

$$\alpha\leqslant\frac{\alpha_{\max}}{2}$$

一般要求 $\alpha=2\sim5$ m/s^2，则 $\alpha_{\max}\geqslant4\sim10$ m/s^2。

当伺服电动机主要用于惯量加速，忽略切削力及摩擦力作用（其值一般仅占10%）时，则

$$\alpha_{\max}=\frac{T_{\max}}{J}\frac{iL}{2\pi}$$

式中　J——伺服进给系统折算到丝杠上的总转动惯量，当一对降速齿轮传动时，则有

$$J=J_Mi^2+J_1i^2+J_1i^4+J_S+\frac{W}{g}\left(\frac{L}{2\pi}\right)$$

（2）同步齿形带传动。同步齿形带传动是一种新型的带传动，它利用齿形带的齿形与带轮的轮齿依次相啮合传动运动和动力，因而兼有带传动、齿轮传动及链传动的优点：无相对滑动，平均传动比准确，传动精度高；齿形带的强度高、厚度小、质量轻，故可用于高速传动；齿形带无须特别张紧，故作用在轴和轴承等上的荷载小，传动效率高，在数控机床上也有应用。

2. 滚珠丝杠副机构

（1）滚珠丝杠副的工作原理及特点。滚珠丝杠副是一种新型的传动机构，它的结构特点是具有螺旋槽的滚珠丝杠螺母间装有滚珠作为中间传动件，以减少摩擦，如图5-11所示。图中丝杠和螺母上都磨有圆弧形的螺旋槽，这两个圆弧形的螺旋槽对合起来就形成螺旋线滚道，在滚道内装有滚珠。当丝杠回转时，滚珠相对于螺母上的滚道滚动，因此丝杠

与螺母之间基本上为滚动摩擦。为了防止滚珠从螺母中滚出来，在螺母的螺旋槽两端设有回程引导装置，使滚珠能循环流动。

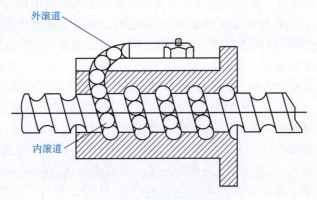

图 5-11　滚珠丝杠螺母

滚珠丝杠副的特点如下：

1)传动效率高，摩擦损失小。滚珠丝杠副的传动效率 $\eta＝0.92\sim0.96$，比常规的丝杠螺母副提高 $3\sim4$ 倍。因此，功率消耗只相当于常规的丝杠螺母副的 $1/4\sim1/3$。

2)给予适当预紧，可消除丝杠和螺母的螺纹间隙，反向时就可以消除空行程死区，定位精度高，刚度好。

3)运动平稳，无爬行现象，传动精度高。

4)运动具有可逆性，可以从旋转运动转换为直线运动，也可以从直线运动转换为旋转运动，即丝杠和螺母都可以作为主动件。

5)磨损小，使用寿命长。

6)制造工艺复杂。滚珠丝杠和螺母等元件的加工精度要求高，表面粗糙度也要求高，故制造成本高。

7)不能自锁。特别是对于垂直丝杠，由于自重惯力的作用，下降时当传动切断后，不能立刻停止运动，故常需添加制动装置。

(2)滚珠丝杠副的参数。滚珠丝杠副的参数(图 5-12)如下。

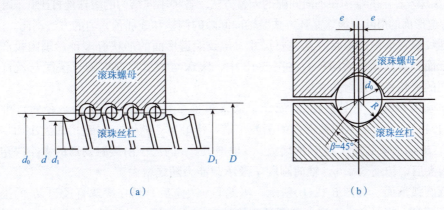

（a）　　　　　　　　　　（b）

图 5-12　滚珠丝杠副基本参数

(a)滚珠丝杠副轴向剖面图；(b)滚珠丝杠副法向剖面图

1）名义直径 d_0：滚珠与螺纹滚道在理论接触角状态时包络滚珠球心的圆柱直径，它是滚珠丝杠副的特征尺寸。

2）导程 L：丝杠相对于螺母旋转任意弧度时，螺母上基准点的轴向位移。

3）基本导程 L_0：丝杠相对于螺母旋转 2π 弧度时，螺母上基准点的轴向位移。

4）接触角 β：在螺纹滚道法向剖面内，滚珠球心与滚道接触点的连线和螺纹轴线的垂直线间的夹角，理想接触角 β 等于 $45°$。

此外，还有丝杠螺纹大径 d、丝杠螺纹小径 d_1、螺纹全长 l、滚珠直径 d_b、螺母螺纹大径 D、螺母螺纹小径 D_1、滚道圆弧偏心距 e 及滚道圆弧半径 R 等参数。

导程的大小是根据机床的加工精度要求确定的。当精度要求高时，应将导程取小一些，这样在一定的轴向力作用下，丝杠上的摩擦阻力较小。为了使滚珠丝杠副具有一定的承载能力，滚珠直径 d_b 不能太小。导程取小了，势必将滚珠直径 d_b 取小，滚珠丝杠副的承载能力也随之减小。若滚珠丝杠副的名义直径 d_0 不变，导程小，则螺旋升角 λ 也小，传动效率 η 也变小。因此，导程的数值在满足机床加工精度的条件下，应尽可能取大些。

名义直径 d_0 与承载能力直接有关，有的资料推荐滚珠丝杠副的名义直径 d_0 应大于丝杠工作长度的 $1/30$。

数控机床常用的进给丝杠，其名义直径 $d_0 = 30\sim80$ mm。

滚珠直径 d_b 应根据轴承厂提供的尺寸选用。滚珠直径 d_b 大，则承载能力也大，但在导程已确定的情况下，滚珠直径 d_b 受到丝杠相邻两螺纹间的凸起部分宽度所限制。一般情况下，滚珠直径 $d_b \approx 0.6L_0$。

设滚珠的工作圈数为 j，滚珠总数为 N，由试验结果可知，在每个循环回路中，各圈滚珠所受的轴向负载不均匀。第一圈滚珠承受总负载的 50% 左右，第二圈约承受 30%，第三圈约承受 20%。因此，滚珠丝杠副中的每个循环回路的滚珠工作圈数 $j = 2.5\sim3.5$，工作圈数大于 3.5 则无实际意义。

有关资料介绍，滚珠的总数 N 不要超过 150 个。若设计计算时超过规定的最大值，则因流通不畅容易产生堵塞现象。若出现此种情况，可从单回路式改为双回路式，或者通过加大滚珠丝杠的名义直径 d_0 或加大滚珠直径 d_b 来解决；反之，若工作滚珠的总数 N 太少，将使每个滚珠的负载加大，引起过大的弹性变形。

（3）滚珠丝杠副的结构和轴向间隙的调整方法。各种不同结构的滚珠丝杠副，其主要区别是螺纹滚道形面的形状、滚珠循环方式及轴向间隙的调整和施加预紧力的方法不同。

1）螺纹滚道形面的形状及其主要尺寸。螺纹滚道形面的形状有多种，国内投产的仅有单圆弧形面和双圆弧形面两种。在图 5-13 中，滚珠与滚道形面接触点法线与丝杠轴线的垂直线间的夹角称为接触角 β。

①单圆弧形面。如图 5-13（a）所示，通常滚道半径 R 稍大于滚珠半径 r_b，可取 $R = (1.04\sim1.11)r_b$。对于单圆弧形面的圆弧滚道，接触角 β 随轴向负荷 F 的大小而变化。当 $F = 0$ 时，$\beta = 0$。承载后，随 F 的增大，β 也增大，β 的大小由接触变形的大小决定。当接触角 β 增大后，传动效率 η、轴向刚度 J 及承载能力随之增大。

②双圆弧形面。如图 5-13（b）所示，当偏心 e 决定后，只在滚珠直径为 d_b 的滚道内相切的两点接触，接触角 β 不变。两圆弧交接处有一小空隙，可容纳一些脏物，这对滚珠的流动有利。从有利于提高传动效率 η 和承载能力及流动畅通等要求出发，接触角 β 应选大

些，但 β 过大，将使制造较难(磨滚道形面)，建议取 $\beta=45°$，螺纹滚道的圆弧半径 $R=1.04r_b$ 或 $R=1.11r_b$。偏心距 $e=(R-r_b)\sin45°=0.707(R-r_b)$。

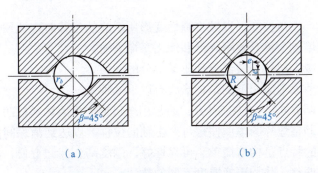

图5-13 滚珠丝杠副螺纹滚道形面

(a)单圆弧形面；(b)双圆弧形面

2)滚珠循环方式。目前，国内外生产的滚珠丝杠副可分为内循环及外循环两类。图 5-14 所示为外循环螺旋槽式滚珠丝杠副，在螺母的外圆上铣有螺旋槽，并在螺母内部装上挡珠器，挡珠器的舌部切断螺纹滚道，迫使滚珠流入通向螺旋槽的孔中而完成循环；图 5-15 所示为内循环滚珠丝杠副，在螺母外侧孔中装有接通相邻滚道的反向器，以迫使滚珠翻越丝杠的齿顶而进入相邻滚道。通常，在一个螺母上装有 3 个反向器(采用 3 列的结构)，这 3 个反向器彼此沿螺母圆周相互错开 120°，轴向间隔为 $(4/3\sim7/3)p$(p 为螺距)；有的装两个反向器(采用双列结构)，反向器错开 180°，轴向间隔为 $(3/2)p$。

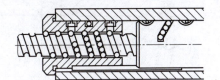

图5-14 外循环螺旋槽式滚珠丝杠副

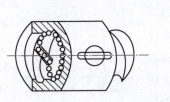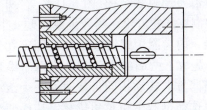

图5-15 内循环滚珠丝杠副

由于滚珠在进入和离开循环反向装置时容易产生较大的阻力，而且滚珠在反向通道中的运动多属于前珠推后珠的滑移运动，很少有"滚动"，因此滚珠在反向装置中的摩擦力矩 $M_{反}$ 在整个滚珠丝杠的摩擦力矩 M_t 中所占比重较大，而不同的循环反向装置由于滚珠通道的运动轨迹不同，以及曲率半径的差异，因而 $M_{反}/M_t$ 的比值不同。

3)滚珠丝杠副轴向间隙的调整和施加预紧力的方法。滚珠丝杠副除对本身单一方向的进给运动精度有要求外，对其轴向间隙也有严格的要求，以保证反向传动精度。滚珠丝杠副的轴向间隙是负载在滚珠与滚道形面接触点的弹性变形所引起的螺母位移量和螺母原有间隙的总和。因此，要将轴向间隙完全消除相当困难。通常采用双螺母预紧的方法把弹性变形量控制在最小限度内。目前，制造的外循环单螺母的轴向间隙达 0.05 mm，而双螺母经施加预紧力后基本上能消除轴向间隙。应用这一方法来消除轴向间隙时需要注意以下两点。

①通过预紧力产生预拉变形以减少弹性变形所引起的位移时，该预紧力不能过大，否则会引起驱动力矩增大、传动效率降低和使用寿命缩短。

②要特别注意减少丝杠安装部分和驱动部分的间隙。

常用的双螺母消除轴向间隙的结构形式有以下 3 种。

①双螺母垫片调隙式结构（图 5-16）：通常用螺钉来连接滚珠丝杠两个螺母的凸缘，并在凸缘间加垫片。调整垫片的厚度使螺母产生轴向位移，以达到消除间隙和产生预拉紧力的目的。这种结构的特点是构造简单、可靠性好、刚度高、装卸方便，但调整费时，并且在工作中不能随意调整，除非更换厚度不同的垫片。

②双螺母螺纹调隙式结构（图 5-17）：其中一个螺母的外端有凸缘，而另一个螺母的外端没有凸缘但制有螺纹，它伸出套筒外，并用两个圆螺母固定。当旋转圆螺母时，即可消除间隙，并产生预拉紧力，调整好后再使用另一个圆螺母把它锁紧。

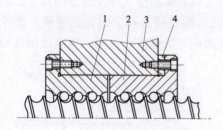

图 5-16　双螺母垫片调隙式结构

1、2—单螺母；3—螺母座；4—调整垫片

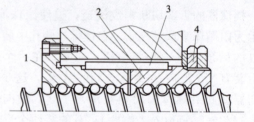

图 5-17　双螺母螺纹调隙式结构

1、2—单螺母；3—平键；4—调整螺母

③双螺母齿差调隙式结构（图 5-18）：在两个螺母的凸缘上各制有圆柱齿轮，两者齿数相差一个齿，并装入内齿圈，内齿圈用螺钉或定位销固定在套筒上。调整时，先取下两端的内齿圈，当两个滚珠螺母相对于套筒同方向转动相同齿数时，一个滚珠螺母对另一个滚珠螺母产生相对角位移，从而使滚珠螺母对于滚珠丝杠的螺旋滚道相对移动，达到消除间隙并施加预紧力的目的。

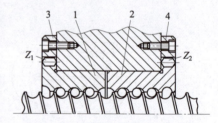

图 5-18　双螺母齿差调隙式结构

1、2—单螺母；3、4—内齿圈

除上述 3 种双螺母施加预紧力的方式外，还有单螺母变导程自预紧及单螺母钢球过盈预紧方式。

（4）滚珠丝杠副的精度。滚珠丝杠副的精度等级为 1、2、3、4、5、7、10 级精度，代号分别为 1、2、3、4、5、7、10。其中 1 级为最高，依次逐级降低。

滚珠丝杠副的精度包括各元件的精度和装配后的综合精度，其中包括导程误差、丝杠大径对螺纹轴线的径向圆跳动、丝杠和螺母表面粗糙度、有预加荷载时螺母安装端面对丝杠螺纹轴线的圆跳动、有预加荷载时螺母安装直径对丝杠螺纹轴线的径向圆跳动，以及滚珠丝杠名义直径尺寸变动量等。

在开环数控机床和其他精密机床中，滚珠丝杠的精度直接影响定位精度和随动精度。对于闭环系统的数控机床，丝杠的制造误差使它在工作时负载分布不均匀，从而降低承载能力和接触刚度，并使预紧力和驱动力矩不稳定。因此，传动精度始终是滚珠丝杠最重要的质量指标。

（5）滚珠丝杠副的标注方法。滚珠丝杠及螺母零件图上螺纹尺寸的标注方法如图 5-19 所示。"GQ"为滚珠丝杠螺纹的代号，50 为公称直径（ϕ50 mm），8 表示基本导程为 8 mm，2 为精度等级，左旋螺纹应在最后标"LH"字，右旋不标。

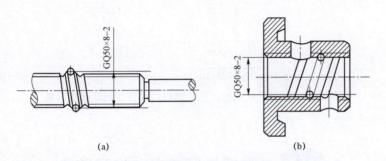

(a)　　　　　　　　　　(b)

图 5-19　滚珠丝杠副尺寸的标注

(a)滚珠螺母尺寸的标注；(b)滚珠丝杠尺寸的标注

（6）滚珠丝杠副的润滑与密封。滚珠丝杠副也可用润滑剂来提高耐磨性及传动效率。润滑剂可分为润滑油及润滑脂两大类。润滑油为一般机油或 90～180 号透平油或 140 号主轴油；润滑脂可采用锂基油脂。润滑脂加在螺纹滚道和安装螺母的壳体空间；润滑油则经过壳体上的油孔注入螺母的空间内。滚珠丝杠副常用密封圈和防护罩。

1）密封圈。密封圈安装在滚珠螺母的两端。接触式的弹性密封圈是用耐油橡皮或尼龙等材料制成的，其内孔制成与丝杠螺纹滚道相配合的形状。接触式的密封圈防尘效果好，但因有接触压力，使摩擦力矩略有增加。

非接触式的密封圈是用聚氯乙烯等塑料制成的，其内孔形状与丝杠螺纹滚道相反，并略有间隙，非接触式密封圈又称为迷宫式密封圈。

2）防护罩。防护罩能防止尘土及硬性杂质等进入滚珠丝杠。防护罩的形式有锥形套管、伸缩套管，也有折叠式（手风琴式）的塑料或人造革防护罩，还有用螺旋式弹簧钢带制成的防护罩，连接在滚珠丝杠的支承座及滚珠螺母的端部，防护罩的材料必须具有防腐蚀及耐油的性能。

（7）制动装置。由于滚珠丝杠副的传动效率高，无自锁作用（特别是滚珠丝杠处于垂直传动时），故必须装有制动装置。

图 5-20 所示为数控卧式铣镗床主轴箱进给丝杠的制动装置示意。当机床工作时，电磁铁线圈通常吸住压簧，打开摩擦离合器。此时步进电动机接受控制机的指令脉冲后，将旋转运动通过液压转矩放大器及减速齿轮传动，带动滚珠丝杠副转换为主轴箱的立向（垂直）移动。当步进电动机停止转动时，电磁铁线圈也同时断电，在弹簧作用下摩擦离合器压紧，使滚珠丝杠不能自由转动，主轴箱就不会因自重而下沉了。

超越离合器有时也用作滚珠丝杠的制动装置。

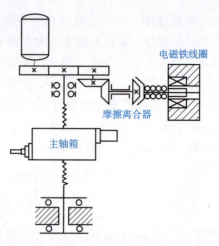

电磁铁线圈

摩擦离合器

主轴箱

图 5-20　数控卧式铣镗床主轴箱进给丝杠的制动装置示意

5.2　数控机床的自动换刀装置

5.2.1　自动换刀装置的形式

1. 回转刀架换刀

数控机床上使用的回转刀架是一种最简单的自动换刀装置。根据不同加工对象，可以设计成四方刀架和六角刀架等多种形式。回转刀架上分别安装四把、六把或更多的刀具，并按数控装置的指令换刀。

回转刀架在结构上应具有良好的强度和刚性，以承受粗加工时的切削抗力。由于车削加工精度在很大程度上取决于刀尖位置，对于数控机床来说，加工过程中刀尖位置不进行人工调整，因此更有必要选择可靠的定位方案和合理的定位结构，以保证回转刀架在每一次转位之后，具有尽可能高的重复定位精度（一般为 0.001～0.005）。

数控机床回转刀架动作的要求是可以完成刀架抬起、刀架转位、刀架定位和夹紧刀架动作。要有相应的机构来完成上述动作。下面以 WZD4 型刀架（图 5-21）为例说明其具体结构。

该刀架可以安装 4 把不同的刀具，转位信号由加工程序指定。当换刀指令发出后，小型电动机 1 启动正转，通过平键套筒联轴器 2 使蜗杆轴 3 转动，从而带动蜗轮丝杠 4 转动。刀架体 7 内孔加工有螺纹，与丝杠连接，蜗轮与丝杠为整体结构。当蜗轮开始转动时，由于加工在刀架底座 5 和刀架体 7 上的端面齿处在啮合状态，且蜗轮丝杠轴向固定，这时刀架体 7 抬起。当刀架体抬至一定距离后，端面齿脱开。转位套 9 用销钉与蜗轮丝杠 4 连接，随蜗轮丝杠一同转动，当端面齿完全脱开，转位套正好转过 160°［图 5-21（b）］，球头销 8 在弹簧力的作用下进入转位套 9 的槽，带动刀架体转位。刀架体 7 转动时带着电刷座 10 转动，当转到程序指定的刀号时，粗定位销 15 在弹簧的作用下进入粗定位盘 6 的槽中进行粗定位,同时,电刷 13 接触导体使电动机 1 反转,由于粗定位槽的限制,刀架体 7 不能转动,使其在该位置垂直落下,刀架体 7 和刀架底座 5 上的端面齿啮合实现精确定位。电动机继续反转,此时蜗轮停止转动,蜗杆轴 3 自身转动,当两端面齿增加到一定夹紧力时,电动机 1 停止转动。

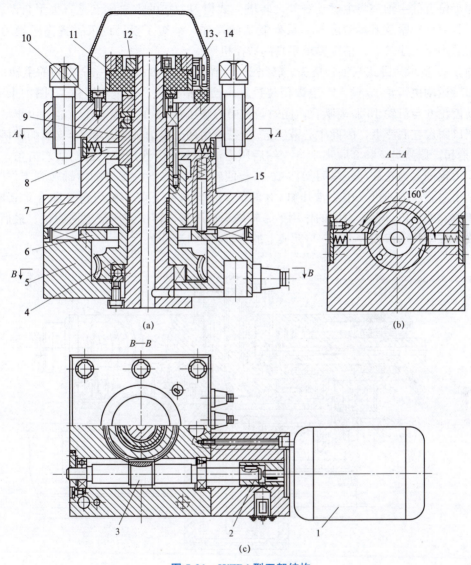

图 5-21 WZD4 型刀架结构

1—电动机;2—联轴器;3—蜗杆轴;4—蜗轮丝杠;5—刀架底座;6—粗定位盘;7—刀架体;
8—球头销;9—转位套;10—电刷座;11—发信体;12—螺母;13、14—电刷;15—粗定位销

译码装置由发信体 11,电刷 13、14 组成。电刷 13 负责发信,电刷 14 负责位置判断。当刀架定位出现过位或不到位时,可松开螺母 12,调节发信体 11 与电刷 14 的相对位置。

这种刀架在经济型数控车床及卧式车床的数控化改造中得到广泛应用。回转刀架一般采用液压缸驱动转位和定位销定位,也有的采用电动机-马氏机构转位和鼠盘定位,以及其他转位和定位机构。

2. 转塔头式换刀装置

数控机床常采用转塔头式换刀装置，如数控车床的转塔刀架、数控钻镗床的多轴转塔头等。在转塔的各个主轴头上，预先安装各工序所需要的旋转刀具，当发出换刀指令时，各种主轴头依次转到加工位置，并接通主运动，使相应的主轴带动刀具旋转，而其他处于不同加工位置的主轴都与主运动脱开。转塔头式换刀方式的主要优点是省去了自动松夹、卸刀、装刀、夹紧及刀具搬运等一系列复杂的操作，缩短了换刀时间，提高了换刀可靠性。它适用于工序较少、精度要求不高的数控机床。

图5-22所示为卧式八轴转塔头。转塔头上径向分布着8根结构完全相同的主轴1，主轴的回转运动由齿轮15输入。当数控装置发出换刀指令时，通过液压拨叉（图中未示出）将移动齿轮6与齿轮15脱离啮合，同时，在中心液压缸13的上腔通压力油。由于活塞杆和活塞口固定在底座上，因此中心液压缸13带着由两个推力轴承9和11支承的转塔刀架体10抬起，鼠齿盘7和8脱离啮合。然后压力油进入转位液压缸，推动活塞齿条，再经过中间齿轮使大齿轮5与转塔刀架体10一起回转45°，将下一工序的主轴转到工作位置。转位结束后，压力油进入中心液压缸13的下腔使转塔头下降，鼠齿盘7和8重新啮合，实现了精确的定位。在压力油的作用下，转塔头被压紧，转位液压缸退回原位。最后通过液压拨叉拨动移动齿轮6，使它与新换上的主轴齿轮15啮合。

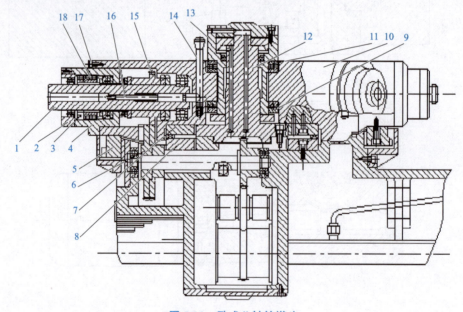

图5-22　卧式八轴转塔头

1—主轴；2—端盖；3—螺母；4—套筒；5、6、15—齿轮；7、8—鼠齿盘；9、11—推力轴承；
10—转塔刀架体；12—活塞；13—中心液压缸；14—操纵杆；16—顶杆；17—螺钉；18—轴承

为了改善主轴结构的装配工艺性，整个主轴部件安装在套筒4内，只要卸去螺钉17，就可以将整个部件抽出。主轴前轴承18采用锥孔双列圆柱滚子轴承，调整时先卸下端盖2，然后拧动螺母3，使内环做轴向移动，以便消除轴承的径向间隙。

为了便于卸出主轴锥孔内的刀具，每根主轴都有操纵杆14，只要按压操纵杆，就能通过斜面推动顶出刀具。

转塔主轴头的转位、定位和压紧方式与鼠齿盘式分度工作台极为相似。但因为在转塔上分布着许多回转主轴部件，使结构更为复杂。由于空间位置的限制，主轴部件的结构不可能设计得十分坚固，因而影响了主轴系统的刚度。为了保证主轴的刚度，主轴的数目必须加以限制，否则将会使尺寸大为增加。

3. 车削中心用动力刀架

图 5-23(a)所示为意大利 Baruffaldi 公司生产的适用于全功能数控车及车削中心的动力转塔刀架。刀盘上既可以安装各种非动力辅助刀夹（车刀夹、镗刀夹、弹簧夹头、莫氏刀柄）、夹持刀具进行加工，还可以安装动力刀夹进行主动切削，配合主机完成车、铣、钻、镗等各种复杂工序，实现加工程序自动化、高效化。

图 5-23(b)所示为该转塔刀架的传动示意。刀架采用端齿盘作为分度定位元件，刀架转位由三相异步电动机驱动，电动机内部带有制动机构，刀位由二进制绝对编码器识别，并可双向转位和任意刀位就近选刀。动力刀具由交流伺服电动机驱动，通过同步齿形带、传动轴、传动齿轮、端面齿离合器将动力传递到动力刀夹，再通过刀夹内部的齿轮传动、刀具回转，实现主动切削。

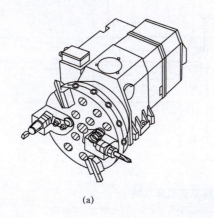
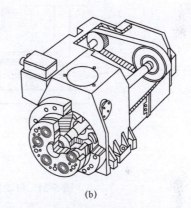

(a)   (b)

图 5-23 动力刀架

(a)动力转塔刀架；(b)刀架传动示意

5.2.2 带刀库的自动换刀装置

由于回转刀架、转塔头式换刀装置容纳的刀具数量不能太多，因此满足不了复杂零件的加工需要。自动换刀数控机床多采用刀库式自动换刀装置。带刀库的自动换刀装置由刀库和刀具交换机构组成，它是多工序数控机床上应用最广泛的换刀方法。整个换刀过程较为复杂，首先把加工过程中需要使用的全部刀具分别安装在标准的刀柄上，在机外进行尺寸预调整之后，按一定的方式放入刀库，换刀时先在刀库中进行选刀，并由刀具交换装置从刀库和主轴上取出刀具。在进行刀具交换之后，将新刀具装入主轴，将旧刀具放入刀库。存放刀具的刀库具有较大的容量，它既可安装在主轴箱的侧面或上方，也可作为单独部件安装到机床以外。常见的刀库形式有盘形刀库、链式刀库、格子箱刀库 3 种。

带刀库的自动换刀装置的数控机床主轴箱内只有一个主轴，设计主轴部件时就要充分增强它的刚度，来满足精密加工的要求。另外，刀库可以存放数量很多的刀具（可以多达100把以上），因而能够进行复杂零件的多工序加工，这样就明显地提高了机床的适应性和加工效率。所以，带刀库的自动换刀装置特别适用于数控钻床、数控镗铣床和加工中心。其换刀形式很多，以下介绍几种典型的换刀方式。

1. 直接在刀库与主轴（或刀架）之间换刀的自动换刀装置

这种换刀装置只具备一个刀库，刀库中储存着加工过程中需使用的各种刀具，利用机床本身与刀库的运动实现换刀过程。例如，图 5-24 所示为自动换刀数控立式机床示意，刀库 7 固定在横梁 4 的右端，可做回转及上下方向的插刀和拔刀运动。

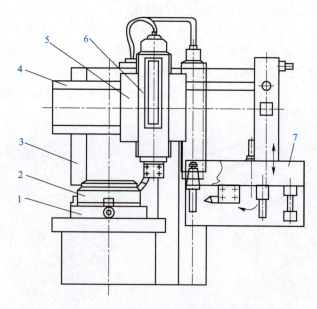

图 5-24　自动换刀数控立式机床示意

1—工作台；2—工件；3—立柱；4—横梁；5—刀架滑座；6—刀架滑枕；7—刀库

机床自动换刀的过程如下：

（1）刀架快速右移，使其上的装刀孔轴线与刀库上空刀座的轴线重合，然后刀架滑枕向下移动，把用过的刀具插入空刀座；

（2）刀库下降，将用过的刀具从刀架中拔出；

（3）刀库回转，将下一工步所需使用的新刀具的轴线对准刀架上装刀孔的轴线；

（4）刀库上升，将新刀具插入刀架装刀孔，接着由刀架中自动夹紧装置将其夹紧在刀架上；

（5）刀架带着更换的新刀具离开刀库，快速移向加工位置。

2. 用机械手在刀库与主轴之间换刀的自动换刀装置

这种换刀装置是目前用得最普遍的一种自动换刀装置，其布局结构多种多样，JCS-013 型自动换刀数控卧式镗铣床所用换刀装置即为一例。四排链式刀库分置机床的左侧，由安装在刀库、于主轴之间的单臂往复交叉双机械手进行换刀。换刀过程可用图 5-25 中（a）～（i）所示实例加以说明。

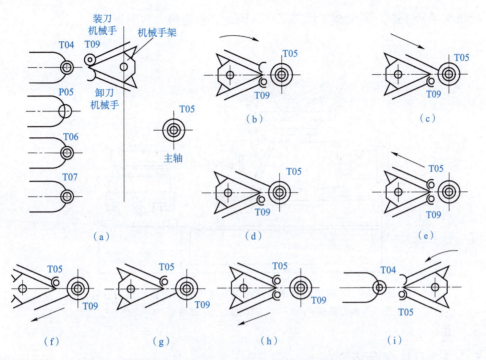

图 5-25　JCS-013 型自动换刀数控卧式镗铣床的自动换刀过程

（1）开始换刀前状态：主轴正在用 T05 号刀具进行加工，装刀机械手已抓住下一工步需用的 T09 号刀具，机械手架处于最高位置，为换刀做好了准备。

（2）上一工步结束，机床立柱后退，主轴箱上升，使主轴处于换刀位置。接着下一工步开始，其第一个指令是换刀，机械手架回转 180°，转向主轴。

（3）卸刀机械手前伸，抓住主轴上已用过的 T05 号刀具。

（4）机械手架由滑座带动，沿刀具轴线前移，将 T05 号刀具从主轴上拔出。

（5）卸刀机械手缩回原位。

（6）装刀机械手前伸，使 T09 号刀具对准主轴。

（7）机械手架后移，将 T09 号刀具插入主轴。

（8）装刀机械手缩回原位。

（9）机械手架回转 180°，使装刀、卸刀机械手转向刀库。

（10）机械手架由横梁带动下降，找第二排刀套链，卸刀机械手将 T05 号刀具插回 P05 号刀套中。

（11）刀套链转动，把在下一个工步需用的 T46 号刀具送到换刀位置；机械手架下降，找第三排刀套链，由装刀机械手将 T46 号刀具取出。

（12）刀套链反转，把 P09 号刀套送到换刀位置，同时机械手架上升至最高位置，为下一工步的换刀做好准备。

3. 用机械手和转塔头配合刀库进行换刀的自动换刀装置

这种自动换刀装置实际上是转塔头式换刀装置和刀库换刀装置的结合。其工作原理如图 5-26 所示。转塔头 5 上有两个刀具主轴 3 和 4。当用一个刀具主轴上的刀具进行加工时，可由换刀机械手 2 将下一工步需用的刀具换至不工作的主轴上，待上一工步加工完毕后，转塔头回转 180°，即完成了换刀工作。因此，所需换刀时间很短。

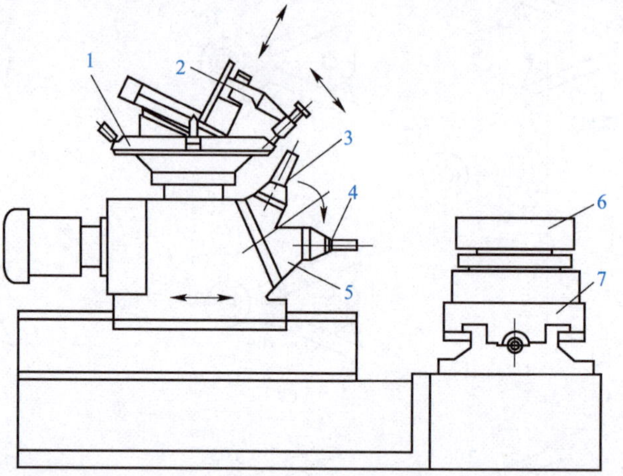

图 5-26　机械手和转塔头配合刀库进行换刀的自动换刀过程
1—刀库；2—换刀机械手；3、4—刀具主轴；5—转塔头；6—工件；7—工作台

5.2.3　刀具交换装置

在数控机床的自动换刀装置中，实现刀库与机床主轴之间的传递和装卸刀具的装置称为刀具交换装置。通常，刀具的交换方式可分为由刀库与机床主轴的相对运动实现刀具交换和采用机械手实现刀具交换两类。刀具的交换方式和它们的具体结构对机床生产率与工作可靠性有着直接的影响。

1. 利用刀库与机床主轴的相对运动实现刀具交换的装置

此装置在换刀时必须首先将用过的刀具送回刀库，然后从刀库中取出新刀具，这两个动作不可能同时进行，因此换刀时间较长。图 5-27 所示的数控立式镗铣床就是采用这类刀具交换方式的实例。由图可见，该机床的格子式刀库的结构极为简单，然而换刀过程较为复杂。它的选刀和换刀由 3 个坐标轴的数控定位系统来完成，因而每交换一次刀具，工作台和主轴箱就必须沿着 3 个坐标轴做两次来回的运动，因而增加了换刀时间。另外，由于刀库置于工作台上，从而减小了工作台的有效使用面积。

2. 刀库-机械手的刀具交换装置

采用机械手进行刀具交换的方式应用得最为广泛，这是因为机械手换刀有很大的灵活性，而且可以减少换刀时间。在各种类型的机械手中，双臂机械手集中地体现了以上优点。在刀库远离机床主轴的换刀装置中，除机械手外，还带有中间搬运装置。

双臂机械手中最常用的几种结构如图 5-28 所

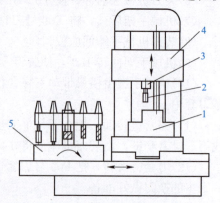

图 5-27　利用刀库与机床主轴的相对运动进行自动换刀的数控机床
1—工件；2—刀具；3—主轴；4—主轴箱；5—刀库

示，它们分别是钩手[图 5-28(a)]、抱手[图 5-28(b)]、伸缩手[图 5-28(c)]和叉手[图 5-28(d)]。这几种机械手能够完成抓刀、拔刀、回转、插刀及返回等全部动作。为了防止刀具掉落，各机械手的活动爪都必须带有自锁机构。由于双臂回转机械手的动作比较简单，而且能够同时抓取和装卸机床主轴与刀库中的刀具，因此，换刀时间可以进一步缩短。

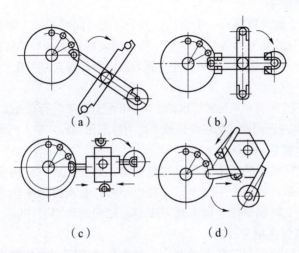

（a）　　　　　　　　（b）

（c）　　　　　　　　（d）

图 5-28　双臂机械手常用结构

(a)钩手；(b)抱手；(c)伸缩手；(d)叉手

图 5-29 所示是双刀库机械手换刀装置。其特点是用两个刀库和两个单臂机械手进行工作，因而机械手的工作行程大为缩短，有效地节省了换刀时间。还由于刀库分设两处，布局较为合理。

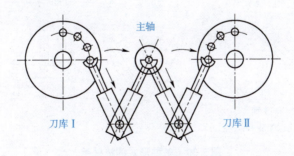

主轴

刀库Ⅰ　　　　　　　　　　　刀库Ⅱ

图 5-29　双刀库机械手换刀装置

5.2.4　机械手

在自动换刀数控机床中，机械手的形式也是多种多样的，常见的有图 5-30 所示的几种形式。

1. 单臂单爪回转式机械手

单臂单爪回转式机械手的手臂可以回转不同的角度，进行自动换刀，手臂上只有一个卡爪，无论在刀库上还是主轴上，均靠这个卡爪来装刀及卸刀，因此换刀时间较长[图 5-30(a)]。

2. 单臂双爪回转式机械手

单臂双爪回转式机械手的手臂上有两个卡爪。两个卡爪有所分工：一个卡爪只执行从主轴上取下"旧刀"送回刀库的任务；另一个卡爪则执行由刀库取出"新刀"送到主轴的任务。其换刀时间较上述单臂单爪回转式机械手要少[图 5-30(b)]。

3. 双臂回转式机械手

双臂回转式机械手的两臂各有一个卡爪，两个卡爪可同时抓取刀库及主轴上的刀具，回转 180°后又同时将刀具放回刀库及装入主轴。换刀时间较以上两种单臂机械手均短，是最常用的一种形式。图 5-30(c)右边的一种机械手在抓取或将刀具送入刀库及主轴时，两臂可伸缩。

4. 双机械手

双机械手相当于两个单臂单爪回转式机械手，互相配合起来进行自动换刀。其中，一个机械手从主轴上取下"旧刀"送回刀库；另一个机械手由刀库取出"新刀"装入机床主轴[图 5-30(d)]。

5. 双臂往复交叉式机械手

双臂往复交叉式机械手的两手臂可以往复运动，并交叉成一定角度。一个手臂从主轴上取下"旧刀"送回刀库；另一个手臂由刀库取出"新刀"装入机床主轴。整个机械手可沿某导轨直线移动或绕某个转轴回转，以实现刀库与主轴间的运刀工作[图 5-30(e)]。

6. 双臂端面夹紧式机械手

双臂端面夹紧式机械手只是在夹紧部位上与前几种不同。前几种机械手均靠夹紧刀柄的外圆表面来抓取刀具，这种机械手则夹紧刀柄的两个端面[图 5-30(f)]。

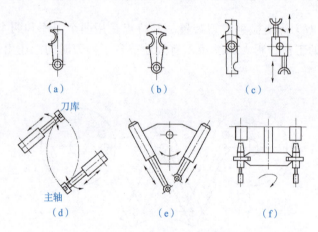

图 5-30　各种形式的机械手

(a)单臂单爪回转式机械手；(b)单臂双爪回转式机械手；(c)双臂回转式机械手；(d)双机械手；
(e)双臂往复交叉式机械手；(f)双臂端面夹紧式机械手

数控机床的其他辅助装置

5.3.1　数控回转工作台

数控回转工作台的功用有两个：一是使工作台进行圆周进给运动；二是使工作台进行

分度运动。它按照控制系统的指令，在需要时分别完成上述运动。

数控回转工作台从外形来看与通用机床的分度工作台没有太大差别，但在结构上具有一系列的特点。用于开环系统中的数控回转工作台是由传动系统、间隙消除装置及蜗轮夹紧装置等组成的。当接收到控制系统的回转指令后，首先要把蜗轮松开，然后开动电液脉冲马达，按照指令脉冲来确定工作台回转的方向、速度、角度大小及回转过程中速度的变化等参数。当工作台回转完毕后，再把蜗轮夹紧。

数控回转工作台的定位精度完全由控制系统决定。因此，对于开环系统的数控回转工作台，要求它的传动系统中没有间隙，否则在反向回转时会产生传动误差，影响定位精度。现以 JCS-013 型自动换刀数控卧式镗铣床的数控回转工作台（图 5-31）为例介绍如下。

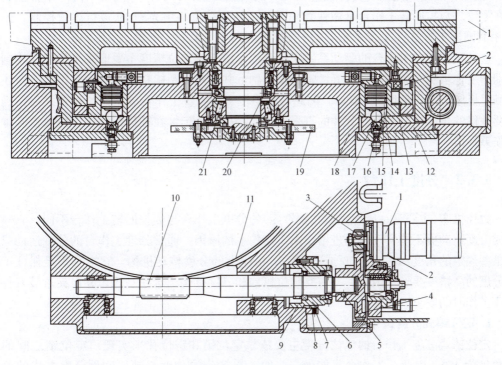

图 5-31　数控回转工作台

1—电液脉冲马达；2—偏心环；3—主动齿轮；4—从动齿轮；5—销钉；6—锁紧瓦；7—套筒；
8—锁紧螺钉；9—丝杠；10—蜗杆；11—蜗轮；12、13—夹紧瓦；14—液压缸；15—活塞；16—弹簧；
17—钢球；18—底座；19—光栅；20、21—轴承

数控回转工作台由电液脉冲马达 1 驱动，在它的轴上装有主动齿轮 3（$z_1 = 22$），它与从动齿轮 4（$z_2 = 66$）相啮合，齿的侧隙靠调整偏心环 2 来消除。从动齿轮 4 与蜗杆 10 用楔形的拉紧销钉 5 来连接，这种连接方式能消除轴与套的配合间隙。蜗杆 10 是双螺距式，即相邻齿的厚度不同。因此，可用轴向移动蜗杆的方法来消除蜗杆 10 和蜗轮 11 的齿侧间隙。调整时，先松开壳体螺母套筒 7 上的锁紧螺钉 8，使锁紧瓦 6 把丝杠 9 放松，然后转动丝杠 9，它便和蜗杆 10 同时在壳体螺母套筒 7 中做轴向移动，消除齿向间隙。调整完毕后，再拧紧锁紧螺钉 8，把锁紧瓦 6 压紧在丝杠 9 上，使其不能再做转动。

蜗杆 10 的两端装有双列滚针轴承做径向支承，右端装有两个推力轴承承受轴向力，左端可以自由伸缩，保证运转平稳。蜗轮 11 下部的内、外两面均装有夹紧瓦 12 和 13。当蜗轮 11 不回转时，数控回转工作台的底座 18 内均布有 8 个液压缸 14，其上腔进压力油时，活塞 15 下行，通过钢球 17 撑开夹紧瓦 12 和 13，把蜗轮 11 夹紧。当数控回转工作台需要回转时，控制系统发出指令，使液压缸上腔油液流回油箱。由于弹簧 16 恢复力的作用，把钢球 17 抬起，夹紧瓦 12 和 13 就不夹紧蜗轮 11，然后由电液脉冲马达 1 通过传动装置，使蜗轮 11 和数控回转工作台一起按照控制指令做回转运动。数控回转工作台的导轨面由大型滚柱轴承支承，并由圆锥滚子轴承 21 和双列圆柱滚子轴承 20 保持准确的回转中心。

数控回转工作台设有零点，当它做返零控制时，先用挡块碰撞限位开关（图中未示出），使工作台由快速回转变为慢速回转，然后在无触点开关的作用下，使工作台准确地停在零位。数控回转工作台可做任意角度的回转或分度，由光栅 19 进行读数控制。光栅 19 沿其圆周上有 21 600 条刻线，通过 6 倍频线路，刻度的分辨能力为 10 s。

这种数控回转工作台的驱动系统采用开环系统，其定位精度主要取决于蜗杆蜗轮副的运动精度，虽然采用高精度的五级蜗杆蜗轮副，并用双螺距蜗杆实现无间隙传动，但还不能满足机床的定位精度（±10 s）。因此，需要在实际测量工作台静态定位误差之后，确定需要补偿的角度位置和补偿脉冲的符号（正向或反向），记忆在补偿回路中，由数控装置进行误差补偿。

5.3.2　分度工作台

数控机床（主要是钻床、镗床和铣镗床）的分度工作台与数控回转工作台不同，它只能完成分度运动而不能实现圆周进给。由于结构上的原因，通常分度工作台的分度运动只限于某些规定的角度（如 90°、60° 或 45° 等）。机床上的分度传动机构，它本身很难保证工作台分度的高精度要求，因此，常需要定位机构和分度机构结合在一起，并由夹紧装置保证机床工作时的安全、可靠。

1. 定位销式分度工作台

定位销式分度工作台的定位分度主要依靠定位销和定位孔来实现。定位销之间的分布角度为 45°，因此，工作台只能做二、四、八等分的分度运动。这种分度方式的分度精度主要由定位销和定位孔的尺寸精度及位置精度决定，最高可达 ±5″。定位销和定位孔衬套的制造精度与装配精度都要求很高，而且均需具有很高的硬度，以提高耐磨性，保证足够的使用寿命。

图 5-32 所示为 THK6380 型自动换刀数控卧式铣镗床的分度工作台结构。

2. 齿盘式分度工作台

齿盘式分度工作台是数控机床和其他加工设备中应用很广的一种分度装置。它既可以作为机床的标准附件，用 T 形螺钉紧固在机床工作台上使用，也可以与数控机床的工作台设计成一个整体（图 5-33）。齿盘式分度机构的向心多齿啮合，应用了误差平均原理，因而能够获得较高的分度精度和定心精度（分度精度为 ±0.5～±3 s）。

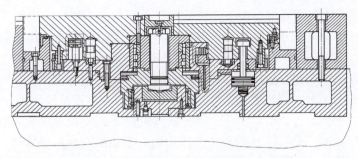

图 5-32　THK6380 型自动换刀数控卧式铣镗床的分度工作台结构

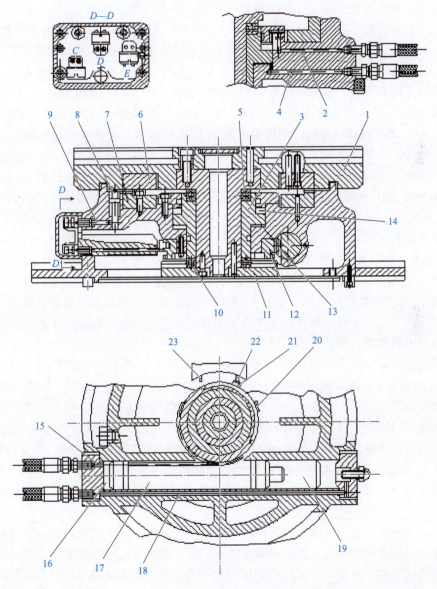

图 5-33　齿盘式分度工作台

1—分度工作台；2、4、15、18—管道；3、17—活塞；5、10—轴承；6、7—齿盘；8、9、22、23—推杆；
11—内齿轮；12—外齿轮；13—下腔；14—上腔；16—左腔；19—右腔；20—挡铁；21—挡块

齿盘式分度工作台主要由分度工作台、底座、压紧液压缸、分度液压缸和一对齿盘等零件组成。齿盘是保证分度精度的关键零件，每个齿盘的端面均加工数目相同的三角形齿（$z=120$ 或 180），两个齿盘啮合时，能自动确定周向和径向的相对位置。

齿盘式分度工作台分度运动时，其工作过程可分为以下 4 个步骤。

（1）分度工作台上升，齿盘脱离啮合。当需要分度时，数控装置发出分度指令（也可用手压按钮进行手动分度）。这时，二位三通电磁换向阀 A 的电磁铁通电，分度工作台 1 中央的差动式压紧液压缸下腔 13 从管道 4 进压力油，于是活塞 3 向上移动，压紧液压缸上腔 14 的油液经管道 2、电磁换向阀 A 再进入压紧液压缸下腔 13，形成差动。活塞 3 上移时，通过推力轴承 5 使分度工作台 1 也向上抬起，齿盘 6 和 7 脱离啮合（上齿盘 6 固定在工作台 1 上，下齿盘 7 固定在底座上）。同时，固定在工作台回转轴下端的推力轴承 10 和内齿轮 11 也向上与外齿轮 12 啮合，完成了分度前的准备。

（2）分度工作台回转分度。当分度工作台 1 向上抬起时，推杆 8 在弹簧作用下也同时抬起，推杆 9 向右移动，于是微动开关 D 的触头松开，使二位四通电磁换向阀的电磁铁通电，压力油从管道 15 进入分度液压缸左腔 16，于是齿条活塞 17 向右移动，右腔 19 中油液经管道 18、节流阀流回油箱。当齿条活塞 17 向右移动时，与它啮合的外齿轮 12 便做逆时针方向回转，由于外齿轮 12 与内齿轮 11 已经啮合，分度工作台也随着一起回转相应的角度。分度运动的速度，可由回油管道 18 中的节流阀控制。当外齿轮 12 开始回转时，其上的挡块 21 就离开推杆 22，微动开关 C 的触头松开，通过互锁电路使电磁阀的电磁铁不准通电，始终保持分度工作台处于抬升状态。按设计要求，当齿条活塞 17 移动 113 mm 时，分度工作台回转 $90°$，回转角度的近似值由微动开关和挡铁 20 控制。

（3）分度工作台下降，并定位压紧。在分度工作台回转 $90°$ 位置附近，其上的挡铁 20 压推杆 23，微动开关 E 的触头被压紧，使二位三通电磁换向阀 A 的电磁铁断电，压紧液压缸上腔 14 从管道 2 进压力油，下腔 13 中的油从管道 4 经节流阀回油箱，活塞 3 带动分度工作台下降，上、下齿盘在新的位置重新啮合，并定位夹紧。管道 4 中的节流阀用来限制工作台的下降速度，保护齿面不受冲击。

（4）分度齿条活塞退回。当分度工作台下降时，推杆 8 受压，使推杆 9 左移，于是微动开关 D 的触头被压紧，使电磁换向阀 B 的电磁铁断电，压力油从管道 18 进入分度液压缸右腔 19，齿条活塞 17 左移，左腔 16 的油液从管道 15 流回油箱。齿条活塞 17 左移时，带动外齿轮 12 做顺时针回转，但因工作台下降时，内齿轮 11 也同时下降与外齿轮 12 脱开，故工作台保持静止状态。外齿轮 12 做顺时针回转 $90°$ 时，其上挡块 21 又压推杆 22，微动开关 C 的触头又被压紧，外齿轮 12 就停止转动而回到原始位置。而挡铁 20 离开推杆 23，微动开关 E 的触头又被松开，通过自保电路保证电磁换向阀 A 的电磁铁断电，工作台始终处于压紧状态。

齿盘式分度工作台与其他分度工作台相比，具有重复定位精度高、定位刚性好和结构简单等优点。齿盘接触面大、磨损小和寿命长，而且随着使用时间的延续，定位精度还有进一步提高的趋势。因此，目前除广泛用于数控机床外，还用在各种加工和测量装置中。它的缺点是齿盘的制造精度要求很高，需要某些专用加工设备，尤其是最后一道两齿盘的齿面对研工序，通常要花费数十小时。此外，它不能进行任意角度的分度运动。

5.3.3　排屑装置

1. 排屑装置在数控机床上的作用

数控机床的出现和发展使机械加工的效率大大提高，在单位时间内数控机床的金属切削量大大高于普通机床，而工件上的多余金属在变成切屑后所占的空间将成倍增大。这些切屑堆占加工区域，如果不及时排除，必将会覆盖或缠绕在工件和刀具上，使自动加工无法继续进行。此外，灼热的切屑向机床或工件散发的热量，会使机床或工件产生变形，影响加工精度。因此，迅速且有效地排除切屑，对数控机床加工而言是十分重要的，而排屑装置正是完成这项工作的一种数控机床的必备附属装置。排屑装置的主要工作是将切屑从加工区域排出数控机床之外。在数控机床和磨床上的切屑中往往混合着切削液，排屑装置从其中分离出切屑，并将它们送入切屑收集箱（车），而切削液被回收到冷却液箱。数控铣床、加工中心和数控镗铣床的工件安装在工作台上，切屑不能直接落入排屑装置，故往往需要采用大流量冷却液冲刷，或利用压缩空气吹扫等方法使切屑进入排屑槽，然后回收切削液并排出切屑。

排屑装置是一种具有独立功能的部件，它的工作可靠性和自动化程度随着数控机床技术的发展而不断提高，并逐步趋向标准化和系列化，由专业工厂生产。数控机床排屑装置的结构和工作形式应根据机床的种类、规格、加工工艺特点、工件的材质与使用的冷却液种类等来选择。

2. 典型排屑装置

排屑装置的种类繁多，图 5-34 所示为其中的几种。排屑装置的安装位置一般尽可能靠近刀具切削区域。如机床的排屑装置安装在旋转工件下方，铣床和加工中心的排屑装置安装在床身的回水槽上或工作台边侧位置，以利于简化机床和排屑装置结构，减小机床占地面积，提高排屑效率。排出的切屑一般落入切屑收集箱或小车，有的则直接排入车间排屑系统。

下面对几种常见的排屑装置做一个简要介绍。

(1)平板链式排屑装置［图 5-34(a)］。该装置以滚动链轮牵引钢质平板链带在封闭箱中运转，加工中的切屑落到链带上被带出机床。这种装置能排出各种形状的切屑，适应性强，各类机床都能采用。在车床上使用时多与机床冷却液箱合为一体，以简化机床结构。

(2)刮板式排屑装置［图 5-34(b)］。该装置的传动原理与平板链式基本相同，只是链板不同，它带有刮板链板。这种装置常用于输送各种材料的短小切屑，排屑能力较强。因负载大，故需采用较大功率的驱动电动机。

(3)螺旋式排屑装置［图 5-34(c)］。该装置是利用电动机经减速装置驱动安装在沟槽中的一根长螺旋杆进行工作的。当螺旋杆转动时，沟槽中的切屑即由螺旋杆推动连续向前运动，最终排入切屑收集箱。螺旋杆有两种结构形式：一种是用扁形钢条卷成螺旋弹簧状；另一种是在轴上焊有螺旋形钢板。这种装置占据空间小，适用于安装在机床与立柱间空隙狭小的位置上。螺旋式排屑装置结构简单，排屑性能良好，但只适合沿水平或小角度倾斜的直线方向排运切屑，不能大角度倾斜、提升或转向排屑。

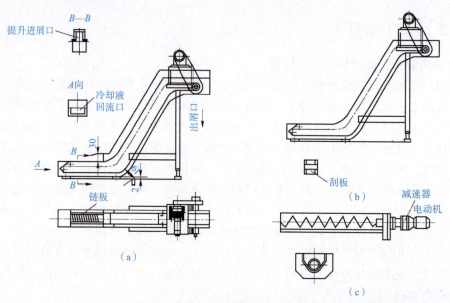

图 5-34　排屑装置
(a)平板链式；(b)刮板式；(c)螺旋式

5.4　数控机床开机、调试

　　数控机床是一种技术含量很高的机电仪一体化的设备，用户买到一台数控机床后，能否正确、安全地开机，调试是很关键的一步。这一步的正确与否在很大程度上决定了这台数控机床能否发挥正常的经济效率及它本身的使用寿命，这对数控机床的生产厂和用户厂都是重大的课题。数控机床开机、调试应按下列的步骤进行。

5.4.1　通电前的检查

　　打开机床电控箱，检查继电器、接触器、熔断器、伺服电动机速度、控制单元插座、主轴电动机速度控制单元插座等有无松动，如有松动，应恢复正常状态，有锁紧机构的接插件一定要锁紧，有转接盒的机床一定要检查转接盒上的插座接线有无松动。

5.4.2　CNC电箱检查

　　打开 CNC 电箱门，检查各类接口插座、伺服电动机反馈线插座、主轴脉冲发生器插座、手摇脉冲发生器插座、CRT 插座等，如有松动，要重新插好，有锁紧机构的一定要锁紧。按照说明书检查各个印制电路板上的短路端子的设置情况，一定要符合机床生产厂设定的状态，确实有误的应重新设置，一般情况下无须重新设置，但用户一定要对短路端子的设置状态做好原始记录。

5.4.3 接线质量检查

检查所有的接线端子，包括强弱电部分在装配时机床生产厂自行接线的端子及各电动机电源线的接线端子，每个端子都要使用旋具紧固一次，直到拧不动为止，各电动机插座一定要拧紧。

5.4.4 电磁阀检查

所有电磁阀都要用手推动数次，以防止长时间不通电造成的动作不良，如发现异常，应做好记录，以备通电后确认修理或更换。

5.4.5 限位开关检查

检查所有限位开关动作的灵活性及固定性是否牢固，发现动作不良或固定不牢的应立即处理。

5.4.6 按钮及开关检查

对操作面板上的按钮及开关进行检查，检查操作面板上所有按钮、开关、指示灯的接线，发现有误应立即处理，检查 CRT 单元上的插座及接线。

5.4.7 地线检查

要求有良好的地线，测量机床地线，接地电阻不能大于 1 Ω。

5.4.8 电源相序检查

利用相序表检查输入电源的相序，确认输入电源的相序与机床上各处标定的电源相序绝对一致。有二次接线的设备，如电源变压器等，必须确认二次接线相序的一致性。要保证各处相序的绝对正确。此时应测量电源电压，做好记录。

5.4.9 机床总电压的接通

接通机床总电源，检查 CNC 电箱，主轴电动机冷却风扇、机床电器箱冷却风扇的转向是否正确，润滑、液压等处的油标志指示及机床照明灯是否正常，各熔断器有无损坏。如有异常，应立即停电检修；无异常可以继续进行。测量强电各部分的电压，特别是供 CNC 及伺服单元用的电源变压器的初次级电压，并做好记录。观察有无漏油，特别是供转塔转位、卡紧、主轴换挡及卡盘卡紧等处的液压缸和电磁阀，如有漏油，应立即停电修理或更换。

5.4.10 CNC 电箱通电

按 CNC 电源通电按钮，接通 CNC 电源，观察 CRT 显示，直到出现正常画面为止。

如果出现 ALARM 显示，应该寻找故障并排除，此时应重新送电检查。打开 CNC 电源，根据有关资料给出的测试端子的位置测量各级电压，有偏差的应调整到给定值，并做好记录。将状态开关置于适当的位置，如日本 FANUC 系统应放置在 MDI 状态，选择到参数页面。逐条、逐位地核对参数，这些参数应与随机所带参数表符合。如发现有不一致的参数，应弄清楚各个参数的意义后再决定是否修改。例如，齿隙补偿的数值可能与参数表不一致，这在进行实际加工后可随时进行修改。将状态选择开关放置在 JOG 位置，将点动速度放置在最低挡，分别进行各坐标正反方向的点动操作，同时，用手按下与点动方向相对应的超程保护开关，验证其保护作用的可靠性，然后进行慢速的超程试验，验证超程撞块安装的正确性。将状态开关置于回零位置，完成回零操作，参考点返回的动作未完成，就不能进行其他操作。因此，遇此情况应首先进行本项操作，然后进行第 4 项操作。将状态开关置于 JOG 位置或 MDI 位置，进行手动变挡试验，验证后将主轴调速开关放在最低位置，进行各挡的主轴正反转试验，观察主轴运转的情况和速度显示的正确性，然后逐渐升速到最高转速，观察主轴运转的稳定性。进行手动导轨润滑试验，使导轨有良好的润滑。逐渐变化快移超调开关和进给倍率开关，随意点动刀架，观察速度变化的正确性。

5.4.11　MDI 试验

(1)测量主轴实际转速：将机床锁住开关放在接通位置，用手动数据输入指令，进行主轴任意变挡、变速试验，测量主轴实际转速，并观察主轴速度显示值，调整其误差应限定在 5% 之内。

(2)进行转塔或刀座的选刀试验：其目的是检查刀座或转塔正、反转和定位精度的正确性。

(3)功能试验：根据订货的情况不同，功能也不同，可根据具体情况对各个功能进行试验。为防止意外情况发生，最好先将机床锁住进行试验，然后放开机床进行试验。

(4)EDIT 功能试验：将状态选择开关置于 EDIT 位置，自行编制一简单程序，尽可能多地包括各种功能指令和辅助功能指令，移动尺寸以机床最大行程为限，同时，进行程序的增加、删除和修改。

(5)自动状态试验：将机床锁住，用编制的程序进行空运转试验，验证程序的正确性，然后放开机床，分别将进给倍率开关、快速超调开关、主轴速度超调开关进行多种变化，使机床在上述各开关的多种变化的情况下进行充分的运行，再将各超调开关置于 100% 处，使机床充分运行，观察整机的工作情况是否正常。

　　数控机床常见的维护知识

5.5.1　数控机床维护与保养的目的

数控机床是一种综合应用了计算机技术、自动控制技术、自动检测技术和精密机械设计与制造等先进技术的高新技术的产物，是技术密集度及自动化程度都很高的、典型的机电一体化产品。与普通机床相比较，数控机床不仅具有零件加工精度高、生产效率高、产品质量稳定、自动化程度极高的特点，而且可以完成普通机床难以完成或根本不能加工的复杂曲面的零件加工，因而，数控机床在机械制造中的地位显得越来越重要，甚至可以这样说，在机械制造业中，数控机床的档次和拥有量，是反映企业制造能力的重要标志。但是，应当清醒地认识到，在企业生产中，数控机床能否达到加工精度高、产品质量稳、生产效率高的目标，不仅取决于机床本身的精度和性能，很大程度上也与操作者在生产中能否正确地对机床进行维护与保养和使用密切相关。

与此同时，还应当注意到：数控机床维修的概念不能单纯地理解为当数控系统或数控机床的机械部分和其他部分发生故障时，仅仅依靠维修人员排除故障和及时修复，使数控机床能够尽早地投入使用就可以了，还应包括正确使用和日常保养等工作。

综上两个方面所述，只有坚持做好对机床的日常维护与保养工作，才可以延长元件的使用寿命，延长机械部件的磨损周期，防止意外恶性事故的发生，争取机床长时间稳定工作；也才能充分发挥数控机床的加工优势，达到数控机床的技术性能，确保数控机床能够正常工作。因此，无论是对数控机床的操作者，还是对数控机床的维修人员来说，数控机床的维护与保养都显得非常重要，必须高度重视。

5.5.2 数控机床维护与保养的基本要求

了解了数控机床的维护与保养的目的和意义后，还必须明确其基本要求，主要包括以下几项：

(1)在思想上要高度重视数控机床的维护与保养工作。尤其是对数控机床的操作者更应如此，不能只注重操作，而忽视对数控机床的日常维护与保养。

(2)提高操作人员的综合素质。使用数控机床的难度比使用普通机床要大，因为数控机床是典型的机电一体化产品，它牵涉的知识面较宽，即操作者应具有机、电、液、气等更宽广的专业知识；另外，由于其电气控制系统中的 CNC 系统升级、更新换代比较快，如果不定期参加专业的理论培训学习，则不能熟练掌握新的 CNC 系统应用。因此，对操作人员提出的素质要求是很高的。为此，必须对数控操作人员进行培训，使其对机床原理、性能、润滑部位及其方式进行较系统的学习，为更好地使用机床奠定基础。同时，在数控机床的使用与管理方面，制订一系列切合实际、行之有效的措施。

(3)要为数控机床创造一个良好的使用环境。数控机床中含有大量的电子元件，它们最怕阳光直接照射，也怕潮湿和粉尘、振动等，这些均可使电子元件腐蚀变坏或造成元件之间的短路，引起机床运行不正常。为此，对数控机床的使用环境应做到保持清洁、干燥、恒温和无振动；对于电源应保持稳压，一般只允许±10% 波动。

(4)严格遵循正确的操作规程。无论是什么类型的数控机床，都有一套自己的操作规程，这既是保证操作人员人身安全的重要措施之一，也是保证设备安全、使用产品质量等的重要措施。因此，使用者必须按照操作规程正确操作。如果机床第一次使用或长期没有使用，应先使其空转几分钟；并要特别注意使用中开机、关机的顺序和注意事项。

(5)在使用中，尽可能提高数控机床的开动率。对于新购置的数控机床，应尽快投入使用，设备在使用初期故障率相对来说往往高一些，用户应在保修期内充分利用机床，使其薄弱环节尽早暴露出来，在保修期内得以解决。在缺少生产任务时，也不能空闲不使用，要定期通电，每次空运行1h左右，利用机床运行时的发热量来去除或降低机内的湿度。

(6)要冷静对待机床故障，不可盲目处理。机床在使用中不可避免地会出现一些故障，此时操作者要冷静对待，不可盲目处理，以免产生更为严重的后果，要注意保留现场，待维修人员来后如实说明故障前后的情况，并参与共同分析问题，尽早排除故障。若故障属于操作原因，操作人员要及时总结经验，吸取教训，避免下次犯同样的错误。

(7)制定并严格执行数控机床管理的规章制度。除对数控机床进行日常维护外，还必须制定并严格执行数控机床管理的规章制度，主要包括定人、定岗和定责任的"三定"制度，定期检查制度和规范的交接班制度等。这也是数控机床管理、维护与保养的主要内容。

5.5.3　数控机床维护与保养的点检管理

由于数控机床集机、电、液、气等技术为一体，所以对它的维护要有科学的管理，有目的地制定出相应的规章制度。对在维护过程中发现的故障隐患应及时清除，避免停机待修，从而延长设备平均无故障时间，提高机床的利用率。开展点检是数控机床维护的有效办法。

以点检为基础的设备维修，是日本在引进美国的预防维修制的基础上发展起来的一种点检管理制度。点检就是按有关维护文件的规定，对设备进行定点、定时的检查和维护。其优点是可以将出现的故障和性能的劣化消灭在萌芽状态，防止过修或欠修；缺点是定期点检工作量大。这种在设备运行阶段以点检为核心的现代维修管理体系，能达到降低故障率和维修费用、提高维修效率的目的。

我国于20世纪80年代初引进日本的设备点检定修制，将设备操作者、维修人员和技术管理人员有机地组织起来，按照规定的检查标准和技术要求，对设备可能出现问题的部位，定人、定点、定量、定期、定法地进行检查、维修和管理，保证了设备持续、稳定地运行，促进了生产发展和经营效益的提高。

数控机床的点检是开展状态监测和故障诊断工作的基础，主要包括下列内容：

(1)定点。首先要确定一台数控机床有多少个维护点，科学地分析这台设备，找准可能发生故障的部位。只要将这些维护点"看住"，有了故障就会及时发现。

(2)定标。对每个维护点要逐个制定标准，如间隙、温度、压力、流量、松紧度等都要有明确的数量标准，只要不超过规定标准就不算故障。

(3)定期。多长时间检查一次，要定出检查周期。有的点可能每班要检查几次，有的点可能一个或几个月检查一次，要根据具体情况确定。

(4)定项。每个维护点检查哪些项目也要有明确规定。每个点可能检查一项，也可能检查几项。

（5）定人。由谁进行检查，是操作者、维修人员还是技术人员，应根据检查部位和技术精度要求，落实到人。

（6）定法。检查也要有规定，是人工观察还是用仪器测量，是采用普通仪器还是精密仪器。

（7）检查。检查的环境、步骤要有规定，是在生产运行中检查还是停机检查，是解体检查还是不解体检查。

（8）记录。检查要做详细记录，并按规定格式填写清楚。要填写检查数据及其与规定标准的差值、判定印象、处理意见，检查者要签名并注明检查时间。

（9）处理。检查中间能处理和调整的要及时处理与调整，并将处理结果记入处理记录。没有能力或没有条件处理的，要及时报告有关人员安排处理，但任何人、任何时间处理都要填写处理记录。

（10）分析。检查记录和处理记录都要定期进行系统分析，找出薄弱"维护点"，即故障率高的点或损失大的环节，提出意见，交设计人员进行改进设计。

数控机床的点检可分为日常点检和专职点检两个层次。日常点检负责对机床的一般部件进行点检，处理和检查机床在运行过程中出现的故障，由机床操作人员进行；专职点检负责对机床的关键部位和重要部件按周期进行重点点检和设备状态监测与故障诊断，制订点检计划，做好诊断记录，分析维修结果，提出改善设备维护管理的建议，由专职维修人员进行。

数控机床的点检作为一项工作制度，必须认真执行并持之以恒，才能保证机床的正常运行。

从点检的要求和内容上看，点检可分为专职点检、日常点检和生产点检3个层次。数控机床点检维修过程示意如图5-35所示。

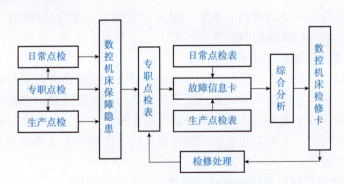

图5-35　数控机床点检维修过程示意

（1）专职点检。负责对机床的关键部位和重要部位按周期进行重点点检及设备状态监测与故障诊断，制订点检计划，做好诊断记录，分析维修结果，提出改善设备维护管理的建议。

（2）日常点检。负责对机床的一般部位进行点检，处理和检查机床在运行过程中出现的故障。

（3）生产点检。负责对生产运行中的数控机床进行点检，并负责润滑、紧固等工作。

5.5.4　数控机床维护与保养的内容

1. 选择合适的使用环境

数控机床的使用环境（如温度、湿度、振动、电源电压、频率及干扰等）会影响机床的正常运转，所以，在安装机床时应做到符合机床说明书规定的安装条件和要求。在经济条件许可的条件下，应将数控机床与普通机械加工设备隔离安装，以便于维修与保养。

2. 应为数控机床配备数控系统编程、操作和维修的专门人员

这些人员应熟悉所用机床的机械部分、数控系统、强电设备、液压和气压等部分及使用环境、加工条件等，并能按机床和系统使用说明书的要求正确使用数控机床。

3. 长期不用数控机床的维护与保养

在数控机床闲置不使用时，应经常对数控系统通电，在机床锁住的情况下，使其空运行。在空气湿度较大的梅雨季节应该天天通电，利用电器元件本身发热驱走数控柜内的潮气，以保证电器元件的性能稳定、可靠。

4. 数控系统中硬件控制部分的维护与保养

每年让有经验的维修电工检查一次。检测有关的参考电压是否在规定范围内，如电源模块的各路输出电压、数控单元参考电压等，并清除灰尘；检查系统内各电器元件连接是否松动；检查各功能模块使用风扇运转是否正常，并清除灰尘；检查伺服放大器和主轴放大器使用的外接式再生放电单元的连接是否可靠，并清除灰尘；检测各功能模块使用的存储器后备电池的电压是否正常，一般应根据厂家的要求定期更换。对于长期停用的机床，应每月开机运行4 h，这样可以延长数控机床的使用寿命。

5. 数控机床机械部分的维护与保养

操作者在每班加工结束后，应清扫干净散落于拖板、导轨等处的切屑；在工作时注意检查排屑器是否正常，以免造成切屑堆积，损坏导轨精度，缩短滚珠丝杠与导轨的寿命；在工作结束前，应将各伺服轴回归原点后停机。

6. 数控机床主轴电动机的维护与保养

维修电工应每年检查一次伺服电动机和主轴电动机。重点检查其运行噪声、温升，若噪声过大，应查明原因，是轴承等机械问题还是与其相配的放大器的参数设置问题，采取相应措施加以解决。对于直流电动机，应对其电刷、换向器等进行检查、调整、维修或更换，使其工作状态良好。检查电动机端部的冷却风扇运转是否正常并清扫灰尘；检查电动机各连接插头是否松动。

7. 数控机床进给伺服电动机的维护与保养

对于数控机床的伺服电动机，要在10～12个月进行一次维护保养，加速或减速变化频繁的机床要在两个月进行一次维护与保养。维护与保养的主要内容：要用干燥的压缩空气吹除电刷的粉尘，检查电刷的磨损情况，如需更换，需要选用规格相同的电刷，更换后要空载运行一定时间使其与换向器表面吻合；检查、清扫电枢整流子以防止短路；当装有测速电动机和脉冲编码器时，也要进行检查和清扫；数控机床中的直流伺服电动机应每年至少检查一次，一般应在数控系统断电且电动机已完全冷却的情况下进行检查；取下橡胶刷帽，用螺钉旋具拧下刷盖取出电刷；测量电刷长度，当FANUC直流伺服电动机的电刷由10 mm磨损到小于5 mm时，必须更换同一型号的电刷；仔细检查电刷的弧形接触面是

否有深沟和裂痕，以及电刷弹簧上是否有打火痕迹。如有上述现象，则要考虑电动机的工作条件是否过分恶劣或电动机本身是否有问题。将不含金属粉末及水分的压缩空气导入装电刷的刷孔，吹净粘在刷孔壁上的电刷粉末。如果难以吹净，可用螺钉旋具尖轻轻清理，直至孔壁全部干净为止，但要注意不要碰到换向器表面。需重新装上电刷，拧紧刷盖。如果更换了新的电刷，应使电动机空运行跑合一段时间，以使电刷表面和换向器表面相吻合。

8. 数控机床测量反馈元件的维护与保养

检测元件采用编码器、光栅尺较多，也可采用感应同步尺、磁尺、旋转变压器等。维修电工每周应检查一次检测元件连接是否松动，是否被油液或灰尘污染。

9. 数控机床电气部分的维护与保养

具体检查可按如下步骤进行：

(1)检查三相电源的电压值是否正常，有无偏相，如果输入的电压超出允许范围，则进行相应调整；

(2)检查所有电气连接是否良好；

(3)检查各类开关是否有效，可借助数控系统CRT显示的自诊断画面及可编程机床控制器(PMC)、输入/输出模块上的LED指示灯检查确认，若不良，应更换；

(4)检查各继电器、接触器是否工作正常，触点是否完好，可利用数控编程语言编辑一个功能试验程序，通过运行该程序确认各元件是否完好有效；

(5)检验热继电器、电弧抑制器等保护元件是否有效等。

电气保养应由车间电工实施，每年检查、调整一次。电气控制柜及操作面板显示器的箱门应密封，不能打开柜门使用外部风扇冷却的方式降温。操作者应每月清扫一次电气控制柜防尘滤网，每天检查一次电气控制柜冷却风扇或空调运行是否正常。

10. 数控机床液压系统的维护与保养

各液压阀、液压缸及管子接头是否有外漏；液压泵或液压马达运转时是否有异常噪声等现象；液压缸移动时工作是否正常、平稳；液压系统的各测压点压力是否在规定的范围内，压力是否稳定；油液的温度是否在允许的范围内；液压系统工作时有无高频振动；电气控制或撞块(凸轮)控制的换向阀工作是否灵敏、可靠；油箱内油量是否在油标刻线范围内；行位开关或限位挡块的位置是否有变动；液压系统手动或自动工作循环时是否有异常现象；定期对油箱内的油液进行取样化验，检查油液质量，定期过滤或更换油液；定期检查蓄能器的工作性能；定期检查冷却器和加热器的工作性能；定期检查和旋紧重要部位的螺钉、螺母、接头和法兰螺钉；定期检查、更换密封元件；定期检查、清洗或更换液压元件；定期、检查清洗或更换滤芯；定期检查或清洗液压油箱和管道。操作者每周应检查液压系统压力有无变化，如有变化，应查明原因，并调整至机床制造厂要求的范围内。操作者在使用过程中，应注意观察刀具自动换刀系统、自动拖板移动系统工作是否正常；液压油箱内的油位是否在允许的范围内，油温是否正常，冷却风扇是否正常运转；每月应定期清扫液压油冷却器及冷却风扇上的灰尘；每年应清洗液压油过滤装置；检查液压油的油质，如果失效变质，应及时更换，所用油品应是机床制造厂要求品牌或已经确认不可代用的品牌；每年检查调整一次主轴箱平衡缸的压力，使其符合出厂要求。

11. 数控机床气动系统的维护与保养

保证供给洁净的压缩空气，压缩空气中通常含有水分、油分和粉尘等杂质。水分会使管道、阀和气缸腐蚀；油液会使橡胶、塑料和密封材料变质；粉尘会造成阀体动作失灵。选用合适的过滤器可以清除压缩空气中的杂质，使用过滤器时应及时排除和清理积存的液体，否则，当积存液体接近挡水板时，气流仍可将积存物卷起。保证空气中含有适量的润滑油，大多数气动执行元件和控制元件都要求有适度的润滑。润滑的方法：一般采用油雾器进行喷雾润滑，油雾器一般安装在过滤器和减压阀之后。油雾器的供油量一般不宜过多，通常，每 10 m 的自由空气供 1 mL 的油量（40～50 滴油）。检查润滑是否良好的一个方法是找一张清洁的白纸放在换向阀的排气口附近，如果换向阀在工作 3～4 个循环后，白纸上只有很轻的斑点，表明润滑是良好的。保持气动系统的密封性，漏气不仅增加了能量的消耗，也会导致供气压力的下降，甚至造成气动元件工作失常。严重的漏气在气动系统停止运行时，由漏气引起的噪声很容易发现；轻微的漏气则利用仪表，或者用涂抹肥皂水的办法进行检查。保证气动元件中运动零件的灵敏性，从空气压缩机排出的压缩空气，包含粒度为 0.01～0.08 μm 的压缩机油微粒，在排气温度为 120～220 ℃ 的高温下，这些油粒会迅速氧化，氧化后油粒颜色变深，黏性增大，并逐步由液态固化成油泥。这种微米级以下的颗粒，一般过滤器无法滤除。当它们进入到换向阀后便附着在阀芯上，使阀的灵敏度逐步降低，甚至出现动作失灵。为了清除油泥，保证灵敏度，可在气动系统的过滤器之后，安装油雾分离器，将油泥分离出来。此外，定期清洗液压阀也可以保证阀的灵敏度。保证气动装置具有合适的工作压力和运动速度，调节工作压力时，压力表应当工作可靠、读数准确。减压阀与节流阀调节好后，必须紧固调压阀盖或锁紧螺母，防止松动。操作者应每天检查压缩空气的压力是否正常；过滤器需要手动排水的，夏季应两天排一次，冬季应一周排一次；每月检查润滑器内的润滑油是否使用完，及时添加规定品牌的润滑油。

12. 数控机床润滑部分的维护与保养

各润滑部位必须按润滑图定期加油，注入的润滑油必须清洁。润滑处应每周定期加油一次，找出耗油量的规律，发现供油减少时应及时通知维修工检修。操作者应随时注意 CRT 显示器上的运动轴监控画面，发现电流增大等异常现象时，及时通知维修工维修。维修工每年应进行一次润滑油分配装置的检查，发现油路堵塞或漏油应及时疏通或修复。底座内的润滑油必须加到油标的最高线，以保证润滑工作的正常进行。因此，必须经常检查油位是否正确，润滑油应 5～6 月更换一次。由于新机床各部件的初磨损较大，所以，第一次和第二次换油的时间应提前到每月更换一次，以便及时清除污物。废油排出后，箱内应用煤油冲洗干净（包括床头箱及底座内油箱），同时清洗或更换滤油器。

13. 可编程机床控制器（PMC）的维护与保养

对 PMC 与 NC 完全集成在一起的系统，不必单独对 PMC 进行检查调整；对其他两种组态方式，应对 PMC 进行检查。主要检查 PMC 的电源模块的电压输出是否正常；输入/输出模块的接线是否松动；输出模块内各路熔断器是否完好；后备电池的电压是否正常，必要时进行更换。对 PMC 输入/输出点可利用 CRT 上的诊断画面采用置位、复位的方式检查，也可采用运行功能试验程序的方法检查。

5.6　数控机床的维护和认识

活动1　数控机床日检表的认知

学一学:

在学校车间中认真查看数控设备的点检表和本页的点检清单(表 5-1),并做点检。

表 5-1　企业点检表

机床 名称		严禁用风枪清扫机床							
项目	检查项目	操作内容	日期	1	2	3	4	5	6
1	设备保养 & 卡盘加黄油 	1. 保养设备,卡盘加黄油;已清洁打"√";否则打"×"。 2. 清除拖拉板和封条铁屑;已清洁打"√";否则打"×"	早班 中班 夜班						
2	润滑油位	目测油位:检查油位在要求范围内(添加 68 号油)。填写标准:检查并在范围内打"√";否则打"×"	早班 中班 夜班						
3	系统压力	目测压力表:2.5 MPa 范围(2.0～3.0 MPa)。填写标准:填写实际数值,如"2.3"	早班 中班 夜班						
4	冷却液液位	目测冷却液液位:要求液面线在红黄线范围内。填写标准:检查并在范围内打"√";否则打"×"	早班 中班 夜班						
5	主轴冷却油液位	目测主轴冷却油液位:要求液位保持在黄红线范围内(低于红线加油)。填写标准:检查并在范围内打"√";否则打"×"	早班 中班 夜班						

续表

机床名称		严禁用风枪清扫机床								
项目	检查项目	操作内容	日期	1	2	3	4	5	6
6	空气压力及油位	目测压力表：0.5 MPa 范围（0.4～0.6 MPa）润滑油不低于 MIN. OIL LEVEL 刻度线。填写实际数值，如"0.44"	早班						
			中班						
			夜班						
7	液压油位及压力值	压力值（4.0 MPa）：液压油位在黄红线范围内（添加 32 号油）。填写标准：填写实际数值，如 4.0	早班						
			中班						
			夜班						
8	主轴冷却 & 过滤网清洁	1. 主轴冷却温度＜30℃，检查时记录温度值。 2. 过滤网每周一早班清洗一次（包括电气箱过滤网）	早班						
			中班						
			夜班						
9	检查废油回收桶	目测废油油位：检查废油油位在要求范围内。填写标准：检查并在范围内打"√"；否则打"×"	早班						
			中班						
			夜班						
10	周边环境养护	清扫：清除铁屑杂物并清洁地面。填写标准：清洁打"√"；否则打"×"	早班						
			中班						
			夜班						

做一做：

根据现场了解的设备情况，自己编写点检表填入任务工单。

活动2　数控机床的维护要点

读一读：

数控机床种类多，各类数控机床因其功能、结构及系统的不同，各具不同的特性。其维护与保养的内容和规章也各有特色，具体应依据其机床种类、型号及实际使用状况，并参照机床使用说明书要求，制订和建立必要的定期、定级保养制度。下面是数控机床的日常维护与保养要点。

1. 数控系统的维护

（1）严格遵守操作规程和日常维护制度。

（2）应尽量少开数控柜和强电柜的门。机加工车间的空气中一般会有油雾、灰尘甚至金属粉末，一旦它们落在数控系统内的电路板或电器元件上，会引起元件之间绝缘电阻阻值下降，甚至导致元件及电路板损坏。有的用户在夏天为了使数控系统能超负荷长期工作，打开数控柜的门来散热，这是一种极不可取的方法，其最终将导致数控系统的加速损坏。

（3）定时清扫数控柜的散热通风系统。应当检查数控柜上的各个冷却风扇工作是否正常。每半年或每季度检查一次风道过滤器是否有堵塞现象，若过滤网上灰尘积聚过多，不及时清理，会引起数控柜内温度过高。

（4）数控系统的输入/输出装置的定期维护。以前生产的数控机床，大多带有光电式纸带阅读机，假如读带部分被污染，将导致读入信息出错。为此，必须按规定对光电式纸带阅读机进行维护。

（5）直流电动机电刷的定期检查和更换。直流电动机电刷的过度磨损，会影响电动机的性能，甚至造成电动机损坏。为此，应对电动机电刷进行定期检查和更换。数控机床、数控铣床、加工中心等应每年检查一次。

（6）定期更换存储用电池。一般数控系统内对 CMOS RAM 存储器件设有可充电电池维护电路，以保证系统不通电期间能保持其存储器的内容。一般状况下，即使尚未失效，也应每年更换一次，以确保系统正常工作。电池的更换应在数控系统供电状态下进行，以防止更换时 RAM 内信息丢失。

（7）备用印制电路板的维护。备用的印制电路板长期不使用时，应定期安装到数控系统中通电运行一段时间，以防止损坏。

2. 机械部件的维护

（1）主传动链的维护。定期调整主轴驱动带的松紧程度，防止因带打滑造成的丢转现象；检查主轴润滑的恒温油箱，调整温度范围，准时补充油量，并清洗过滤器；主轴中刀具夹紧装置长时间使用后，会产生间隙，影响刀具的夹紧，需要准时调整液压缸活塞的位移量。

（2）滚珠丝杠螺纹副的维护。定期检查、调整丝杠螺纹副的轴向间隙，保证反向传动精度和轴向刚度；定期检查丝杠与床身的连接是否有松动；丝杠防护装置有损坏时要准时更换，以防灰尘或切屑进入。

（3）刀库及换刀机械手的维护。严禁把超重、超长的刀具装入刀库，以避开机械手换刀时掉刀或刀具与工件、夹具发生碰撞；经常检查刀库的回零位置是否正确，检查机床主轴回换刀点位置是否到位，并准时调整；开机时，应使刀库和机械手空运行，检查各部分工作是否正常，特别是各行程开关和电磁阀能否正常动作；检查刀具在机械手上锁紧是否牢靠，发觉不正常应及时处理。

3. 液压、气压系统维护

定期对各润滑、液压、气压系统的过滤器或分滤网进行清洗或更换；定期对液压系统进行油质化验检查和更换液压油；定期对气压系统过滤器或分滤网放水。

4. 机床精度的维护

定期进行机床水平和机械精度检查并校正。机械精度的校正方法有软硬两种。其软方法主要是利用系统参数补偿，如丝杠反向间隙补偿、各坐标定位精度定点补偿、机床回参考点位置校正等；硬方法一般要在机床大修时进行，如进行导轨修刮、滚珠丝杠螺母副预紧调整反向间隙等。

做一做：

在教师的带领下，初步认识企业数控车间相关设备的维护要点。

想一想：

以学校某型机床为例，撰写主要维护和保养要求。

🔄 任务实施

任务工单

姓名		班级		日期	

活动一：某机床点检表

活动二：

任务描述：

图 5-36 所示为无锡某公司数控机床加工中心，型号为 XK-L850-4，通过现场观察和学习，对设备进行维护。

任务要求：（1）查找设备维护清单和表格；

（2）总结设备维护的要点；

（3）制定相关设备维护点检表。

任务分组：

图 5-36　数控机床

任务计划：

任务实施：

任务总结：

任务评价

项目	内容	配分	评分要求	得分
认识数控机床的维护原理	知识目标（40分）	10	数控机床的维护表格，缺一项扣2分，扣完为止	
		10	数控设备的点检表，缺一项扣2分，扣完为止	
		20	数控机床的主要维护要点，缺一项扣5分，扣完为止	
	技能目标（45分）	10	寻找相关数控设备的点检表和维护，一处扣5分，扣完为止	
		10	认识数控设备的组成部分，包含主传动系统、主轴部件、进给系统、换刀装置、辅助装置等，认错一处扣2分，扣完为止	
		15	团队协作完成日常点检加油，未完成或操作少一项扣5分，扣完为止	
		10	能明确写出或表述出机床维护点不少于5项，每缺一处扣2分，扣完为止	
	职业素养、职业规范与安全操作（15分）	5	未穿工作服，扣5分	
		5	违规操作或操作不当，损坏工具，扣5分	
		5	工作台表面遗留工具、零件，操作结束工具未能整齐摆放，扣5分	
总分				

思考与练习

1. 数控机床对主传动系统的要求有哪些？
2. 数控机床对进给传动系统的要求有哪些？
3. 同步齿形带传动有哪些工作特点？
4. 自动换刀装置有哪几种形式？各有何特点？
5. 数控机床维修的要点有哪些？
6. 通过列表列举维护保养数控维修机床具体细则。

项目 6　认识柔性制造系统

项目引入

　　FMS(柔性制造系统)是指由一个传输系统联系起来的一些设备,传输装置将工件放在其他连接装置上送到各加工设备,使工件加工准确、迅速和自动化。柔性制造系统有中央计算机控制机床和传输系统,有时可以同时加工几种不同的零件。一组按次序排列的机器,由自动装卸及传送机器连接并经计算机系统集为一体,原材料和代加工零件在零件传输系统上装卸,零件在一台机器上加工完毕后传到下一台机器,每台机器接受操作指令,自动装卸所需的工具,无须人工参与。当前柔性制造系统的发展与国家制造业发展紧密相联,数控机床也是 FMS 单元中最小的一个部分,因此,全面认识柔性制造系统很有必要。

学习目标

　　知识目标:

1. 了解中国制造 2025 计划;
2. 了解德国工业 4.0 计划内容;
3. 了解柔性制造系统和 3D、4D 打印发展的趋势。

大国工匠案例六

　　技能目标:

1. 能通过书本、网络资源收集相关信息,总结 FMS、FMC 的特点;
2. 能掌握一般撰写报告的方法和技巧。

　　素养目标:

通过各类文本搜索,深入了解 FMS 及其对国家发展的需要。

项目分析

　　本项目主要让学生了解目前 FMS 的一些概念和未来发展趋势;通过学习先进制造技术的发展和变化,为未来工作打好基础;通过表述或撰写论文,让学生学会了解新技术的方法。

内容概要

　　本项目主要讲解 FMS 在国内和国际的应用,使学生理解 FMS 的工作原理,了解 3D 打印和 4D 打印技术及新时代下新技术的发展趋势,为便于理解,本项目相关教学内容主要分为以下部分。

(1)中国制造2025和德国工业4.0；

(2)FMS基础知识应用实例；

(3)增材制造；

(4)工业机器人。

所谓智能制造，就是面向产品全生命周期，实现在感知条件下的信息化制造。智能制造技术是在现代传感技术、网络技术、自动化技术、拟人化智能技术等先进技术的基础上，通过智能化的感知、人机交互、决策和执行技术，实现设计过程、制造过程和制造装备智能化，是信息技术、智能技术与装备制造技术的深度融合及集成。智能制造是信息化与工业化深度融合的大趋势(图6-1)。

智能制造源于人工智能的研究。人工智能就是采用人工方法在计算机上实现的智能。随着产品性能的完善化及其结构的复杂化、精细化，以及功能的多样化，促使产品所包含的设计信息量和工艺信息量猛增，随之生产线和生产设备内部的信息流量增加，制造过程和管理工作的信息量也必然剧增。因而，促使制造技术发展的热点与前沿，转向了提高制造系统对于爆炸性增长的制造信息处理的能力、效率及规模上。先进的制造设备离开了信息的输入就无法运转，柔性制造系统(FMS)一旦

图6-1　智能信息库

被切断信息来源，就会立刻停止工作。专家认为，首先，制造系统正在由原来的能量驱动型转变为信息驱动型，这就要求制造系统不但要具备柔性，而且还要表现出智能，否则是难以处理如此大量且复杂的信息工作量的。其次，瞬息万变的市场需求和激烈竞争的复杂环境，也要求制造系统表现出更高的灵活、敏捷和智能。因此，智能制造越来越受到高度重视。纵览全球，虽然总体而言智能制造尚处于概念和试验阶段，但各国政府均将此列入国家发展计划，大力推动实施。1992年，美国执行新技术政策，大力支持重大关键技术(Critical Technology)，包括信息技术和新的制造工艺，智能制造技术自在其中，美国政府希望借助此举改造传统工业并启动新产业。

加拿大制订的1994—1998年发展战略计划，认为未来知识密集型产业是驱动全球经济和加拿大经济发展的基础；认为发展和应用智能系统至关重要，并将具体研究项目选择为智能计算机、人机界面、机械传感器、机器人控制、新装置、动态环境下系统集成。

日本1989年提出智能制造系统，且于1994年启动了先进制造国际合作研究项目，包括了公司集成和全球制造、制造知识体系、分布智能系统控制、快速产品实现的分布智能系统技术等。

欧洲联盟的信息技术相关研究有ESPRIT项目，该项目大力资助有市场潜力的信息技术。1994年又启动了新的R&D项目，选择了39项核心技术，其中3项即信息技术、分子生物学技术和先进制造技术均突出了智能制造的位置。

我国在20世纪80年代末也将"智能模拟"列入国家科技发展规划的主要课题，已在专家系统、模式识别、机器人、汉语机器理解方面取得了一批成果。科技部正式提出了"工业智能工程"作为技术创新计划中创新能力建设的重要组成部分，智能制造将是该项工程

中的重要内容。

由此可见，智能制造正在世界范围内兴起，它是制造技术发展，特别是制造信息技术发展的必然，是自动化和集成技术向纵深发展的结果。

智能装备面向传统产业改造提升和战略性新兴产业发展的需求，重点包括智能仪器仪表与控制系统、关键零部件及通用部件、智能专用装备等。它能实现各种制造过程的自动化、智能化、精益化、绿色化，带动装备制造业整体技术水平的提升。

中国机械科学研究总院原副院长屈贤明指出，现今国内装备制造业存在自主创新能力薄弱、高端制造环节主要由国外企业掌握、关键零部件发展滞后、现代制造服务业发展缓慢等问题。而中国装备制造业"由大变强"的标志包括国际市场占有率处于世界第一，超过一半产业的国际竞争力处于世界前三，成为影响国际市场供需平衡的关键产业，拥有一批国际竞争力和市场占有率处于全球前列的世界级装备制造基地，原始创新突破，一批独创、原创装备问世等多个方面。该领域的研究中心有国家重大技术装备独立第三方研究中心——中国重大机械装备网。

2021年，"十四五"智能制造发展规划发布。规划提出，到2025年，规模以上制造业企业大部分实现数字化、网络化，重点行业骨干企业初步应用智能化；到2035年，规模以上制造业企业全面普及数字化、网络化，重点行业骨干企业基本实现智能化。规划还提出了我国智能制造"两步走"战略。规划提出了一系列具体目标。其中，到2025年的具体目标：一是转型升级成效显著，70%的规模以上制造业企业基本实现数字化、网络化，建成500个以上引领行业发展的智能制造示范工厂；二是供给能力明显增强，智能制造装备和工业软件市场满足率分别超过70%和50%，培育150家以上专业水平高、服务能力强的智能制造系统解决方案供应商；三是基础支撑更加坚实，完成200项以上国家、行业标准的制修订，建成120个以上具有行业和区域影响力的工业互联网平台。

6.1　中国制造2025和德国工业4.0

6.1.1　中国制造2025

《中国制造2025》是中国政府实施制造强国战略第一个10年的行动纲领。

《中国制造2025》提出，坚持"创新驱动、质量为先、绿色发展、结构优化、人才为本"的基本方针，坚持"市场主导、政府引导，立足当前、着眼长远，整体推进、重点突破，自主发展、开放合作"的基本原则，通过"三步走"实现制造强国的战略目标：第一步，到2025年迈入制造强国行列；第二步，到2035年中国制造业整体达到世界制造强国阵营中等水平；第三步，到新中国成立100年时，综合实力进入世界制造强国前列。

围绕实现制造强国的战略目标，《中国制造2025》明确了9项战略任务和重点，提出了8个方面的战略支撑和保障。

2016年4月6日国务院总理李克强主持召开国务院常务会议，会议通过了《装备制造业标准化和质量提升规划》，要求对接《中国制造2025》。

2017年7月19日国务院常务会议部署创建"中国制造2025"国家级示范区，专家指出，"中国制造2025"提至国家级，较以前城市试点有所升级。"7月19日部署的'中国制造 2025'国家级示范区相当于此前'中国制造 2025'城市试点示范的升级版，"工信部赛迪研究院规划所副所长张洪国对《21 世纪经济报道》表示，此前是以工信部为主来批复"中国制造 2025"试点示范城市，在国家制造强国建设领导小组指导下开展相关工作的，今后将由国务院审核、批复国家级的示范区，相关文件也将由国务院来统一制定。

6.1.2 德国工业 4.0

所谓工业 4.0，是指基于工业发展的不同阶段做出的划分。按照目前的共识，工业 1.0 是蒸汽机时代，工业 2.0 是电气化时代，工业 3.0 是信息化时代，工业 4.0 则是利用信息化技术促进产业变革的时代，也就是智能化时代。

这个概念最早出现在德国，于 2013 年 4 月的汉诺威工业博览会上正式推出，其核心目的是提高德国工业的竞争力，在新一轮工业革命中占领先机。

工业 4.0 是德国政府在《德国 2020 高技术战略》中所提出的十大未来项目之一。该项目由德国联邦教育局及研究部和联邦经济技术部联合资助，投资预计达 2 亿欧元，旨在提升制造业的智能化水平，建立具有适应性、资源效率及基因工程学的智慧工厂，在商业流程及价值流程中整合客户及商业伙伴。其技术基础是网络实体系统及物联网。

德国工业 4.0(Industry 4.0)是指利用物联信息系统(Cyber-Physical System，CPS)将生产中的供应、制造、销售信息数据化、智慧化，最后实现快速、有效、个人化的产品供应。

《中国制造 2025》与德国工业 4.0 的合作对接渊源已久。2013 年 4 月，德国政府正式推出工业 4.0 战略。2015 年 5 月，国务院正式印发《中国制造 2025》，部署全面推进实施制造强国战略。

工业 4.0 已经进入中德合作新时代，中德双方签署的《中德合作行动纲要》中，有关工业 4.0 合作的内容共有 4 条，第一条就明确提出工业生产的数字化即工业 4.0 对于未来中德经济发展具有重大的意义。双方认为，两国政府应为企业参与该进程提供政策支持。

6.1.3 智能制造的机遇与挑战

从 2015 年到 2018 年我国的智能制造领域取得了突飞猛进的发展，智能制造、物联网的技术深入人心。但是随着 2018 年美国与中国"贸易纠纷"升级，智能制造领域面临了较大的困难。

1. 我国制造业面临的挑战

(1)国际分工争夺激烈。金融危机后，制造业呈现出发达国家和发展中国家争相介入的新一轮国际分工争夺态势，全球制造业分工版图可能因此重构，我国制造业面临前后夹击的局面。一方面，金融危机使美国、欧盟等发达国家和地区重新重视发展实体经济，提出再工业化发展战略，强调充分利用信息技术提升制造业水平，发展新产业，巩固发达国家制造业在技术、产业方面的领先优势，进一步拉大与我国的差距；另一方面，受劳动力成本、人民币汇率等升值影响，国内低附加值产品出口价格优势弱化。此外，印度、越南、印度尼西亚等发展中国家则以更低的劳动力成本承接劳动密集型产业的转移，我国制造业在部分劳动密集型行业与发展中国家的争夺战已经开始。

(2)我国制造业整体仍大而不强。制造业是国民经济的主体，制造业的强弱决定着一个国家的国际地位，经过几十年的高速发展我国已经成为名副其实的制造大国，然而仍不是制造强国，虽然"中国制造"的铭牌已经被全世界所知晓，但我国制造业整体大而不强，自主创新能力、产品质量、资源利用、产业结构、信息化水平等方面与世界工业强国仍存在较大的差距，致使在核心技术、附加价值、产品质量、生产效率、能源资源利用和环境保护等方面问题突出、矛盾尖锐。

（3）制造业传统优势逐步丧失。2008 年金融危机后，世界发达国家和发展中国家争相介入新一轮的国际分工争夺，全球制造业分工即将因此而重构，使我国制造业一方面受到世界发达工业国家的"工业化"发展战略的挤压；另一方面面临印度、越南、印度尼西亚等国家的低劳动力成本等因素的强势竞争，形成"前后夹击"的严峻局面。随着人力成本不断上升，资源环境等方面的问题日益突出，传统规模型、资源消耗型的生产制造方式已经走到了尽头，制造业优势逐步丧失。

（4）技术创新能力不足。改革开放以来，通过引进国外先进技术、消化并吸收，我国整体制造业水平有了大幅度的提升，形成了较为完善的工业体系。然而，在制造业高速发展的过程中，仍存在十分突出的问题，具体表现在以下几个方面。

1）制造业整体大而不强。虽然我国已经是名副其实的制造业大国，但仍不是制造业强国，制造业大国依靠的是要素驱动，而制造业强国依靠的是创新驱动、知识驱动，我国制造业在国际产业分工链中，尚处于技术含量和附加值较低的"加工、组装"环节，在附加值较高的研发、设计、工程承包，以及营销、售后服务等环节缺乏竞争力。

2）核心技术仍受制于人。表现在基础制造装备核心技术受制于人。核心装备与部件、关键原材料、元件严重依赖进口。

3）支撑产品核心技术的基础研发仍不足，产品核心竞争力缺乏，与国外发达国家相比，差距仍十分明显。

（5）产品质量可靠性问题突出。受粗放型经济增长思想影响，长期以来，我国的产品质量可靠性水平提升的速度滞后于经济规模的增长速度，产品质量可靠性及相关技术标准整体水平不高。以数控机床为例，我国虽然是机床使用和制造大国，但我国使用的数控机床 50% 以上是进口机床。其中，汽车、电子、航空航天等领域所使用的机床很多依赖进口，造成这种局面的主要甚至唯一的原因是机床的质量可靠性问题。虽然产品在功能上（如精度指标）能接近甚至达到国际先进水平，但是这种功能不能有效地保持，与国外同型产品相比，可靠性差异明显。国产机床在使用过程中，故障频发，给用户企业带来了高昂的维护成本与巨大的停机损失，同时，也给机床制造企业的声誉带来极大影响。同时，在相关技术标准领域，我国多数处于空白，与发达国家相比，差距明显。

（6）资源利用率偏低。在以前的发展过程中，依靠大规模的要素投入使企业获得了经济效益和增长速度，然而造成资源利用率偏低和环境制约污染严重。我国能源消耗比远高于世界发达国家的平均值。可见，我国能源资源利用效率仍偏低，矛盾十分突出。

2. 我国制造业面临的发展机遇

我国经济已成为一个体量庞大的经济"巨人"，资源、生态环境的承载能力已经饱和。我国经济发展已经告别高歌猛进的时代，进入新的运行轨道，正向形态更高级、分工更复杂、结构更合理的阶段演化，制造业急需从要素驱动向创新驱动转变。然而，新一轮科技革命主导的以智能制造为发展中心的制造新模式为我国制造业发展提供了难得的发展機遇。

(1)制造技术和信息技术融合带来新的产业。近年来，由信息技术引领的全球新一轮科技革命和产业变革正席卷全球，信息化与工业化的深度融合，促使制造业向数字化、网络化、智能化、服务化方向发展，具有代表性是德国提出的工业 4.0 战略，被称为以智能制造为主导的第四次工业革命，为我国制造业转型升级、促进工业化和信息化的深度融合提供了新的方向，新一轮的科技革命和产业变革，将给世界范围内的制造业带来颠覆性的变革，主要表现为将数字技术和人工智能技术融合于产品、将数字技术和人工智能技术应用于产品设计、制造、生产过程，以及以数字技术为基础，在互联网、物联网、云计算、大数据等新兴技术的支撑下推动传统制造业向开放型、服务型方式转变。

(2)"四化同步"发展提出巨大的空间。按照"工业化、信息化、城镇化、农业现代化"同步发展要求，城镇化、农业现代化为制造业发展提供了新市场和新需求。城镇化将促使大量农村人员进入城镇，带来巨大的消费需求，进而拉动制造业内需的增长；农业现代化需求将带动农村基础设施建设农业装备等市场需求；信息化和工业化深度融合，顺应当今世界制造业发展趋势，符合我国制造业实际需求，将有效地推动我国制造业由大到强。同时，我国"四化同步"发展带来的需求扩展、快速增长的消费层次等也为我国制造业发展提供了难得的发展机遇。

(3)我国高端制造装备走出国门迎来黄金时期。一直以来，我国高端制造装备处境十分尴尬，国内制造业领域所使用的高端制造装备多被国外垄断，用户宁可花费高价购买进口品牌也不选择国产品牌，国产高端制造装备在国内市场进退两难。另外，由于受全球金融危机影响，新兴发达国家需求萎缩，也使我国高端制造装备的国外市场受到挤压。在智能制造模式的推动下，全球制造业将会更加开放，将形成一个高度互联互通的有机网络，这将为我国包括高端制造装备在内的产品走向国际市场提供了极佳的机遇。

6.1.4 智能制造的标准国际化

我国在 2015 年、2018 年分别推出了自己的智能制造标准体系，国家智能制造标准化总体组自 2016 年成立以来，在国家智能制造标准化协调推进组的指导下开展智能制造标准化工作，进行了智能制造标准化顶层规划，发布了《国家智能制造标准体系建设指南（2015 年版）》，并按照《国家智能制造标准体系建设指南（2015 年版）》的要求，已完成 81 项国家标准立项，并在 2019 年累计制、修订 300 项以上智能制造标准，全面覆盖基础共性标准和关键技术标准。同时，加强了标准的创新发展与国际化，积极参与国际标准化组织的活动，增强与发达国家和地区间的智能制造标准交流与合作，加快中国智能制造标准"走出去"，提升国际话语权。

为聚焦智能制造产业发展的重点领域，提升标准对全产业链的支撑力度，2017 年国家智能制造标准化总体组组织对《国家智能制造标准体系建设指南（2015 年版）》进行了修订，形成了《国家智能制造标准体系建设指南（2018 年版）》，加强了顶层设计，系统架构进一步完善，为智能制造产业发展保驾护航。随着新技术的不断发展和智能制造标准化工作的深入推进，标准化应用范围也随之变化，同时，各行业对指导产业发展的标准需求的理解进一步加深，对标准化建设共识进一步趋同，为聚焦智能制造产业发展、满足解决核心关键问题的迫切需求，修订形成《国家智能制造标准体系建设指南（2021 年版）》。我国的某些智能制造标准，如电信的标准，已被世界认可。

6.2　FMS 基础知识应用实例

6.2.1　FMS 的产生与发展历史

1. FMS 的产生

(1)市场的发展变化促使传统生产方式变革，20 世纪初，为了应对大批量、少品种生产，刚性自动线(固定自动化加工方式，Fixed Automation)出现了。图 6-2 所示为加工箱体类零件的组合机床自动线。

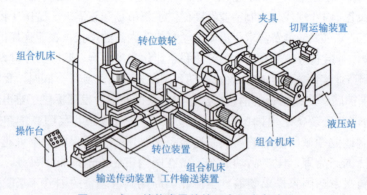

图 6-2　加工箱体类零件的组合机床自动线

刚性自动线的特点：设备和加工工艺固定，不灵活，只能加工一个零件，或几个相互类似的零件，即具有刚性。

(2)20 世纪 60、70 年代，为了生产多品种、中小批量的产品，柔性制造系统(FMS)产生(图 6-3)。

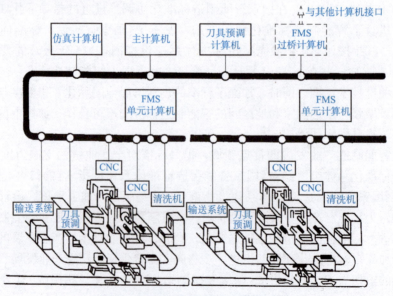

图 6-3　丰田公司柔性制造系统的产生

2. FMS 的发展历史

早期的 FMS 主要是对刚性自动线进行改造。其主要特点是柔性差，适合大批量、少品种生产，生产效率高；改造费时、费力、费钱。到了数控机床(20 世纪 50 年代 NC、20 世纪 70 年代 CNC)出现后，其特点是柔性好，只适合小批量、多品种生产，生产率低。

(1)最早的 FMS：Molins System ＜24 系统＞ (20 世纪 60 年代，英国 Molins 公司，David Williamsm)。计算机控制整个系统，可加工一系列不同的零件，类似加工中心的数控机床自动为机床提供工件和工艺装备，每天工作 24 h(中班和晚班的 16 h 内进行无人化加工)。

(2)20 世纪 60 年代后期美国的 FMS。

1)6 台加工中心，4 台双分度头机床；

2)自动牵引车工件搬运系统(图 6-4)。

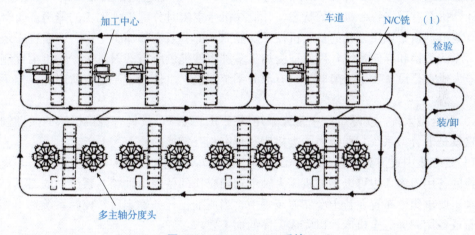

图 6-4　Allis Chalmers 系统

(3)后期的发展。20 世纪 70 年代，FMS 并没有受到足够重视，但是从 80 年代以后，由于显著的经济效益，各国竞相花费大价钱进行科研和开发，并取得了很大的成绩(图 6-5)。

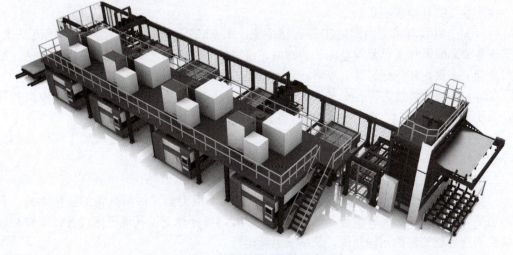

图 6-5　后期发展的柔性制造系统

6.2.2 FMS 的分类、特点与柔性体现

1. FMS 的分类

（1）按零件加工顺序配置机床的系统。根据被加工零件的加工顺序选择机床，并用一个物料储运系统将机床连接起来，机床之间在加工内容方面相互补充。工件借助一个装卸站送入系统，并由此开始，在计算机控制下，由一个加工站送至另一个加工站，连续完成各加工工序。通常，工件在系统中的输送路径是固定的，但是不同的机床也能加工不同的工件。

（2）机床可相互替换的系统。这类柔性制造系统在设备出现故障时，能用替换机床保证整个系统继续工作。在一个由几台加工中心、一个存储系统和一个穿梭式物料输送线组成的柔性制造系统中，工件可以送至任何一台加工中心，它们都有相应的刀具来加工零件。计算机具有记忆每台机床的状态，并能在机床空闲时分配工件加工的能力。每台机床都配有能根据指令选用刀具的换刀机械手，能完成部分或全部加工工序。该系统中还具有机床刀库的更换和存储系统，以保证为加工多种零件提供所需的刀具量。这类柔性制造系统的最大优点是设备发生故障时，只有部分系统停工，工件的班产量有所降低，但不会造成停产。

（3）混合型系统。实际生产中常常采用既按工序选择，又具有替换机床的柔性制造系统，这就是混合型系统。系统内同类机床间具有相互替换的能力。

（4）具有集中式刀具储运系统的柔性制造系统。这种集中式储刀装置可以是与机载刀库交换的备用刀库，也可以是与机床多轴主轴箱交换的备用主轴箱。系统中的刀具都按工件的加工要求集中布置在若干个储刀装置中，当所加工任务确定后，控制系统选出相应的多轴箱或备用刀库送至机床，以完成工序的加工要求。

2. FMS 的特点

FMS 与 FMC 目前还没有一致公认的定义。两者在主要功能和结构方面有许多相似点，不易严格区分。FMS 与 FMC 的主要区别在于以下几点。

（1）FMS 的规模比 FMC 大，机床大多为 4～10 台，也有 2 台的，但机床为 2～3 台时，物流系统的利用率不高。

（2）FMC 只具有单元内部的工件运储系统，而 FMS 具有结构单元外部的物流系统，可实现各单元间及加工单元与仓库、装卸站、清洗站、检查站之间的物料输送和存储。搬运对象除了工件，还包括刀具、废屑、切削液等。

（3）FMS 的信息量大，各个子系统和单元都有各自的信息流系统。为统一协调和管理，系统采用比 FMC 层次更高的多级计算机控制。

（4）FMS 具有比 FMC 更多、更完善的功能，如优化作业计划、自动加工调度及容忍故障的柔性功能等。

3. FMS 的柔性体现

（1）设备柔性。设备柔性是指制造系统中能加工不同类型零件所具备的转换能力。其中，包括刀具转换、夹具转换等。机床出现故障时，可自动安排其他机床代替，工件运输系统会相应调整工件的运输路线，使系统继续运行。

（2）工艺柔性。工艺柔性是指能以多种工艺方法加工某一零件组的能力，如镗、铣、

钻、铰、攻螺纹等加工。

（3）工序柔性。工序柔性是指能自动改变零件加工工序的能力。

（4）路径柔性。路径柔性是指能自动变更零件加工路径的能力。若遇到系统中某台设备故障，则能自动将工件转换到另一台设备上加工。可以根据负荷，自动改变加工路线，提高利用率，减少等待时间。

（5）产品柔性。产品改变时能经济、迅速地转产。

（6）批量柔性。在不同批量下运行都能获取经济效益。

（7）扩展柔性。扩展柔性是指能根据生产的需要组建和扩展生产的能力。

（8）工作和生产能力的柔性。系统实际上可以在无人照管的情况下运行，因而，各项工作可在时间上灵活地安排。例如，工件的安装和系统的维护工作可全部集中安排在白天进行，而加工作业根据需要安排在第一、二或三班进行。

6.2.3 FMS 中的能量流

典型的 FMS 一般由加工系统、物流系统和控制与管理系统 3 个子系统组成。柔性构造系统子系统的构成框图及功能特征如图 6-6 所示。

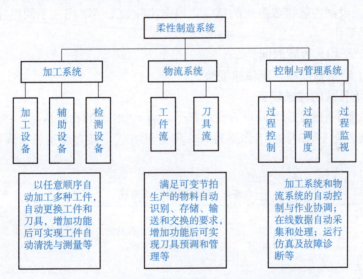

图 6-6　柔性制造系统子系统的构成框图及功能特征

3 个子系统的有机结合构成了一个制造系统的能量流（通过制造工艺改变工件的形状和尺寸）、物料流（主要指工件流和刀具流）和信息流（制造过程的信息和数据处理）。加工系统在 FMS 中实际是完成改变物性任务的执行系统。加工系统主要由数控机床、加工中心等加工设备构成，系统中的加工设备在工件、刀具和控制 3 个方面都具有可与其他子系统相连接的标准接口。从柔性制造系统的各项柔性含义中可知，加工系统的性能直接影响 FMS 的性能，且加工系统在 FMS 中又是耗资最多的部分，因此，恰当地选用加工系统是 FMS 成功与否的关键。

6.2.4 FMS 中的物流

物流是 FMS 中物料流动的总称。在 FMS 中流动的物料主要有工件、刀具、夹具、切屑及切削液。物流系统是从 FMS 的进口到出口，对这些物料实现自动识别、存储、分配、输送、交换和管理功能的系统。因为工件和刀具的流动问题最为突出，通常认为 FMS 的物流系统由工件流系统和刀具流系统两大部分组成。另外，因为很多 FMS 的刀具是通过手工介入的，只在加工设备或加工单元内部流动，在系统内没有形成完整的刀具流系统，所以有时物流系统也狭义地指工件流系统。刀具流系统和工件流系统的很多技术和设备在原理和功能上基本相似，将不对物料的具体内容加以区别。物流系统主要由输送装置、物料装卸与交换装置和物料存储装置等组成。

6.2.4.1　物流系统的输送装置

1. FMS 物流系统对输送装置的要求

（1）通用性。通用性能适合一定范围内不同输送对象的要求，与物料存储装置、缓冲站和加工设备等的关联性好，物料交接的可控制性和匹配性（如形状、尺寸、质量和姿势等）好。

（2）变更性。变更性能快速地、经济地变更运行轨迹，尽量增大系统的柔性。

（3）扩展性。扩展性能方便地根据系统规模扩大输送范围和输送量。

（4）灵活性。灵活性能接收系统的指令，根据实际加工情况完成不同路径、不同节拍、不同数量的输送工作。

（5）可靠性。平均无故障时间长。

（6）安全性。定位精度高，定位速度快。

2. FMS 物流系统的输送设备

输送装置依照 FMS 控制与管理系统的指令，将 FMS 内的物料从某一指定点送往另一指定点。输送装置在 FMS 中的工作路径有 3 种常见方式，即直线运行、环线运行和网线运行，见表 6-1。

表 6-1　输送装置系统路线

直线运行	单向运行		主要依靠机床的数控功能实现柔性，输送装置多为输送带，主要用于 FML 或自动装配线
	双向运行		系统柔性低，容错性差，常需另设缓冲站，输送装置采用双向输送带、有轨小车或移动式机器人，主要用于小型 FMS
环线运行	单向运行		利用直线单向运行的组合，形成封闭循环实现柔性，提高输送设备的利用率
	双向运行		利用直线双向运行的组合，形成封闭循环，提高柔性和设备利用率

网线运行	双向运行	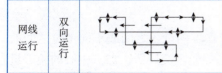	全为双向运行，有很大柔性，输送设备的利用率和容错性高，但控制与调度复杂，主要采用无轨小车，用于较大规模的 FMS

常见的物流系统主要有输送带、自动小车、机器人等。

（1）输送带。输送带结构简单，输送量大，多为单向运行，受刚性生产线的影响，在早期的 FMS 中用得较多。输送带可分为动力型和无动力型；从结构方式上有辊式、链式、带式之分；从空间位置和输送物料的方式上又有台式和悬挂式之分。用于 FMS 中的输送带通常采用有动力型的电力驱动方式，电动机经减速后带动输送带运行。利用输送带输送物料的物流系统柔性差，一旦某一环节出现故障，会影响整个系统的工作，因而，除输送量较大的 FML 或 FTL 外，目前已很少使用。

（2）自动小车。自动小车可分为有轨和无轨两种。所谓有轨，是指有地面或空间的机械式导向轨道。地面有轨小车结构牢固，承载力大，造价低，技术成熟，可靠性好，定位精度高。地面有轨小车多采用直线或环线双向运行，广泛应用于中小规模的箱体类工件 FMS。高架有轨小车（空间导轨）相对于地面有轨小车，车间利用率高，结构紧凑，速度高，有利于将人和输送装置的活动范围分开，安全性好，但承载力小。高架有轨小车较多地用于回转体工件或刀具的输送，以及有人工介入的工件安装和产品装配的输送系统中。有轨小车由于需要机械式导轨，其系统的变更性、扩展性和灵活性不够理想。

无轨小车是一种利用微机控制的，能按照一定的程序自动沿规定的引导路径行驶，并具有停车选择装置、安全保护装置及各种移载装置的输送小车。因为其没有固定式机械轨道而被称为无轨小车，无轨小车也称为自动导引小车（Automatic Guided Vehicle，AGV）。由于无轨小车控制性能好，FMS 很容易按其需要改变作业计划，灵活地调整小车的运行，且没有机械轨道，可方便地重新布置或扩大预定运行路径和运行范围，以及增减运行的车辆数量，有极好的柔性，在各种 FMS 中得到了广泛应用。有径引导方式是指在地面上铺设导线、磁带或反光带制定小车的路径，小车通过电磁信号或光信号检测出自己的所在位置，通过自动修正而保证沿指定路径行驶。在无径引导自主导向方式中，其地图导向方式是在无轨小车的计算机中预存距离表（地图），通过与测距法所得的方位信息比较，小车自动计算出从某一参考点出发到目的点的行驶方向。这种引导方式非常灵活，但精度低。惯性导向方式是在无轨小车中装设陀螺仪，用陀螺仪所测得的小车加速度值来修正行驶方向。无径引导地面援助方式是利用电磁波、超声波、激光、无线电遥控等，依靠地面预设的参考点或通过地面指挥，修正小车的路径。

（3）机器人。机器人有固定式机器人和行走机器人两种形式。固定式机器人适用于搬运距离短、工件或连同夹具质量较轻的 FMC；行走机器人实际是带机械手的自动输送车，也可分为有轨和无轨两类。轨道可以设置在地面，也可以设置在龙门高架上。机器人除具有物料的自动输送功能外，还具有自动拿起和交换功能，可实现物料的运输和自动上下料的复合功能，提高了物流系统的自动化程度，但技术更复杂，适用于搬运对象较小、质量较轻、运输有一定距离的系统。

6.2.4.2　物流系统的物料装卸与交换装置

物流系统的物料装卸与交换装置负责 FMS 中物料在不同设备之间或不同工位之间的交换或装卸。常见的物料装卸与交换装置有箱体类零件的托盘交换器、加工中心的换刀机械手、自动仓库的堆垛机、输送系统与工件装卸站的装卸设备等。有些交换装置已包含在相应的设备或装置之中。例如，托盘交换器已作为加工中心的一个辅件或辅助功能。这里仅以自动小车为例介绍 FMS 中常见的物料交换方法。常见自动小车的装卸方式可分为被动装卸和主动装卸两种。被动装卸方式的小车不具有完整的装卸功能，而是采用助卸方式，即配合装卸站或接收物料方的装卸装置自动装卸。常见的助卸方式有滚柱式台面和升降式台面。这类小车成本较低，常用于装卸位置少的系统。主动装卸方式是指自动小车具有装卸功能。常见的主动装卸方式有单面推拉式、双面推拉式、叉车式、机器人式。主动装卸方式常用于车少、装卸工位多的系统。其中，采用机器人式主动装卸方式的自动小车相当于一个有脚的机器人，也称为行走机器人。机器人式主动装卸方式常用于无轨小车或高架有轨小车中，由此构成的行走机器人灵活性好，适用范围广，被认为是一种很有发展前景的输送、交换复合装置。目前，行走机器人在轻型工件、回转体工件和刀具的输送、交换方面应用较多。

6.2.4.3　物流系统的物料存储装置

1. FMS 对物料存储装置的要求

(1)其自动化机构与整个系统中的物料流动过程的可衔接性；

(2)存放物料的尺寸、质量、数量和姿势与系统的匹配性；

(3)物料的自动识别、检索方法和计算机控制方法与系统的兼容性；

(4)放置方位、占地面积、高度与车间布局的协调性。

2. 用于 FMS 的物料存储装置的分类

目前用于 FMS 的物料存储装置基本上有 4 种，如图 6-7 所示。

6.2.4.4　物流系统的监控功能

(1)采集物流系统的状态数据。包括物流系统各设备控制器和各监测传感器传回的当前任务完成情况、当前运行状况等状态数据。

(2)监视物流系统状态。对收到的数据进行分类、整理，在计算机屏幕上用图形显示物料流动状态和各设备工作状态。

(3)处理异常情况。检查、判别物流系统状态数据中的不正常信息，根据不同情况提出处理方案。

(4)人机交互。供操作人员查询当前系统状态数据(毛坯数、产品数、在制品数、设备状态、生产状况等)，人工干预系统的运行，以处理异常情况。

(5)接收上级控制与管理系统下发的计划和任务，并控制执行机构去完成。物流系统的监控与管理一般有集中式和分布式两种方案。集中式方案是指由一台主控计算机实现物流系统的监控与管理功能，存储所有物料信息及物流设备信息，并分别向物流系统的所有

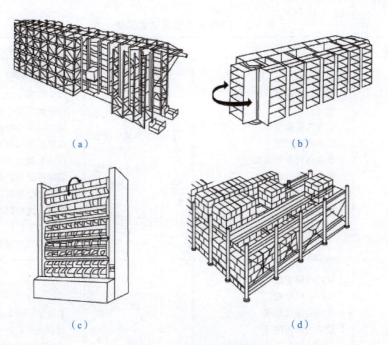

图 6-7　常见物料存储装置
(a)立体料架；(b)水平回转型自动料架；(c)垂直回转型自动料架；(d)缓冲料架

设备发送指令。集中式方案具有结构简单、便于集成的优点，但不易扩展，且一旦局部发生故障，将严重影响整体运行。分布式方案是指将物流系统划分为若干功能单元或子系统，每一功能单元独立监控几台设备，单元之间相互平等和独立。每一单元都可以向另一单元申请服务，同时，也可以接受其他单元的申请为之服务。分布式方案的优点是扩展性好，可方便地增加新的单元，当某一单元发生故障时，不会影响其他单元的正常运行；缺点是网络传输的数据量大，单元软件设计及相互协调比较复杂。

在 FMS 中，物流系统的运行受上级控制器的控制。上级管理系统下发计划、指令，物流系统接收这些计划和指令并上报执行情况和设备状态。这些下发和上报的信息与数据实时性要求很高，必须采用传输速度较快的网络报文形式，因此，需要设计网络报文通信接口和规定大量的报文协议。物流系统与底层设备的控制器（或控制机）之间可以通过标准的通信接口（如 RS-232、RS-462 等）进行通信。对于不同的控制器（控制机），其通信操作方式及协议等都不同，因此，需要编制多种不同的通信接口程序满足各自的需要。

6.2.5　FMS 中的质量控制

FMS 的控制与管理系统实质上是实现 FMS 加工过程、物料流动过程的控制、协调、调度、监测和管理的信息流系统。其由计算机、工业控制机、可编程序逻辑控制器、通信网络、数据库和相应的控制与管理软件等组成，是 FMS 的神经中枢和命脉，也是各子系统之间的联系纽带。FMS 中的常见功能模块（也称功能子系统）见表 6-2。当然这些功能模块并非相互完全独立的，而是相对独立、相互关联的。

表 6-2　FMS 中的常见功能模块

名称	功能	工作内容	名称	功能	工作内容
生产管理子系统	生产调试作业优化运行仿真	制订日程计划 制订资源分配 生产作业管理 产值利润管理 设备运行程序仿真 物料交换过程仿真 物料(刀具、托盘等)需求仿真 动态调试仿真 生产日程仿真	运行控制子系统	物料流动控制与协调 设备运行控制与协调	系统启停控制 现场调度 设备运行程序的分配与传送 加工控制与协调 检测控制与协调 清洗控制与协调 装配控制与协调 物料存储控制与协调 物料输送控制与协调 物料交换控制与协调 故障维修与恢复
数据管理子系统	物料数据管理 基本数据管理 工艺数据管理 资源维护管理	毛坯在库管理 成品在库管理 在制品在位管理 设备运行程序管理 刀具预调与刀具补偿管理 工件坐标管理 设备与刀、夹、量、辅具基本参数管理 设备与刀、夹、量、辅具使用时间管理 设备与刀、夹、量、辅具精度管理 故障历程管理 设备日常保养管理 系统耗材管理	质量保证子系统	质量监控、物料识别、故障诊断、质量管理	系统运行状态监控 设备生产状态监控 系统运行环境监控 设备与工具使用时间监控 物料识别与跟踪 物料中转时间监控 故障诊断和处理监视 检验指标与检验程序 生产质量在线检验控制 检验结果判定 质量分析与统计

6.3　增材制造

6.3.1　3D打印技术

3D打印（3DP，三维打印）即快速成型技术的一种，是一种以数字模型文件为基础，运用粉末状金属或塑料等可黏合材料，通过逐层打印的方式来构造物体的技术。

3D打印通常是采用数字技术材料打印机来实现的，常在模具制造、工业设计等领域被用于制造模型，之后逐渐用于一些产品的直接制造，已经有使用这种打印技术而成型的零部件。该技术在珠宝、鞋类、工业设计、建筑、工程和施工（AEC）、汽车、航空航天、牙科和医疗产业、教育、地理信息系统、土木工程及其他领域都有所应用。

日常生活中使用的普通打印机可以打印计算机设计的平面物品，而3D打印机与普通打印机工作原理基本相同，只是打印材料有些不同，普通打印机的打印材料是墨水和纸张，而 3D 打印机内装有金属、陶瓷、塑料、砂等不同的"打印材料"，是实实在在的原材料，打印机与计算机连接后，通过计算机控制可以将"打印材料"一层层叠加起来，最终把计算机上的蓝图变成实物。通俗来说，3D 打印机是可以"打印"出真实的 3D 物体的一种设备，如打印一个机器人、玩具车、各种模型，甚至是食物等。之所以通俗地称其为"打印机"，是参照了普通打印机的技术原理，因为分层加工的过程与喷墨打印十分相似。这项打印技术称为 3D 立体打印技术。

6.3.1.1 打印过程

1. 三维设计

三维打印的设计过程：先通过计算机建模软件完成建模，再将建成的三维模型"分区"成逐层的截面，即切片，从而指导打印机逐层打印。

设计软件和打印机之间协作的标准文件格式是 STL。一个 STL 文件使用三角面来近似模拟物体的表面。三角面越小，其生成的表面分辨率越高。PLY 是一种通过扫描产生的三维文件的扫描器，其生成的 VRML 或 WRL 文件经常被用作全彩打印的输入文件。

2. 切片处理

打印机通过读取文件中的横截面信息，用液体状、粉状或片状的材料将这些截面逐层地打印出来，再将各层截面以各种方式黏合起来从而制造出一个实体。这种技术的特点在于其可以制造出绝大多数形状的物品。

打印机打出的截面的厚度（Z 方向）及平面方向（X-Y 方向）的分辨率是以微米或 dpi（像素每英寸）来计算的。一般的厚度为 $100~\mu m$，即 $0.1~mm$，也有部分打印机如 Objet Connex 系列和三维 Systems' ProJet 系列可以打印出 $16~\mu m$ 的厚度。而平面方向可以打印出与激光打印机相近的分辨率。打印出来的"墨水滴"的直径通常为 $50\sim100~\mu m$。用传统方法制造出一个模型通常需要数小时到数天，根据模型的尺寸及复杂程度而定。而用三维打印的技术可以将时间缩短为数个小时，当然其是由打印机的性能及模型的尺寸和复杂程度而定的。

传统的制造技术（如注塑法）可以以较低的成本大量制造聚合物产品，而三维打印技术可以以更快、更有弹性及更低成本的办法生产数量相对较少的产品。一个桌面尺寸的三维打印机就可以满足设计者或概念开发小组制造模型的需要。

3. 完成打印

三维打印机的分辨率对大多数应用来说已经足够（在弯曲的表面可能会比较粗糙，像图像上的锯齿一样），要获得更高分辨率的物品可以通过采用如下方法：先用当前的三维打印机打出稍大一点的物体，再稍微经过表面打磨即可得到表面光滑的"高分辨率"物品。

有些技术可以同时使用多种材料进行打印。有些技术在打印的过程中还会用到支撑物，例如，在打印出一些有倒挂状的物体时，就需要用到一些易于除去的东西（如可溶的东西）作为支撑物。

6.3.1.2　限制因素

1. 材料的限制

虽然高端工业印刷可以实现塑料、某些金属或陶瓷的打印，但无法实现价格比较高和稀缺的材料的打印。另外，打印机也还没有达到成熟的水平，无法支持日常生活中所接触到的各种各样的材料。

研究者在多材料打印上已经取得了一定的进展，但除非这些进展达到成熟并有效，否则材料依然会是3D打印的一大障碍。

2. 机器的限制

3D打印技术在重建物体的几何形状和机能上已经达到了一定的水平，绝大多数静态的形状都可以被打印出来，但是那些运动的物体和它们的清晰度就难以实现了。这个困难对于制造商来说也许是可以解决的，但是3D打印技术若要进入普通家庭，每个人都能随意打印想要的东西，那么机器的限制必须得到解决。

3. 知识产权的限制

在过去的几十年里，音乐、电影和电视产业中对知识产权的关注变得越来越多。3D打印技术也会涉及这一问题，因为现实中的很多东西都会得到更加广泛的传播。人们可以随意复制任何东西，并且数量不限。如何制定3D打印的法律法规用来保护知识产权，也是目前面临的问题之一，否则会出现泛滥的现象。

4. 道德的挑战

道德是底线。什么样的东西会违反道德是很难界定的，如果有人打印出生物器官和活体组织，在不久的将来会遇到极大的道德挑战。

5. 成本的承担

3D打印技术需要承担的成本是高昂的。如果想要普及，降价是必须的，但又会与高昂的成本形成冲突。

每种新技术诞生初期都会面临着这些类似的障碍，但相信找到合理的解决方案3D打印技术的发展将会更加迅速，就如同任何渲染软件一样，不断地更新才能达到最终的完善。

6.3.2　4D打印技术

所谓的4D打印，比3D打印多了一个"D"，也就是时间维度，人们可以通过软件设定模型和时间，变形材料会在设定的时间内变形为所需的形状。准确来说，4D打印是将一种能够自动变形的材料，直接内置到物料中，不需要连接任何复杂的机电设备，就能按照产品设计自动折叠成相应的形状。

4D打印最关键的材料是记忆合金。4D打印由麻省理工学院（MIT）与Stratasys教育研发部门合作研发，是一种无须打印机器就能使材料快速成型的革命性新技术。产品大小和形状可以随时间变化（图6-8）。

图6-8　4D打印技术成品

6.4 工业机器人

工业机器人是面向工业领域的多关节机械手或多自由度的机器装置，它能自动执行工作，是靠自身动力和控制能力来实现各种功能的一种机器。它可以接受人类指挥，也可以按照预先编排的程序运行，现代的工业机器人还可以根据人工智能技术制定的原则纲领行动。

6.4.1 发展历程

20 世纪 50 年代末，工业机器人最早开始投入使用。约瑟夫·恩格尔贝格(Joseph F. Englberger)利用伺服系统的相关灵感，与乔治·德沃尔(George Devol)共同开发了一台工业机器人——"尤尼梅特"(Unimate)，率先于 1961 年在通用汽车的生产车间里开始使用。最初的工业机器人构造相对比较简单，所完成的功能也是捡拾汽车零件并放置到传送带上，对其他的作业环境并没有交互的能力，就是按照预定的基本程序精确地完成同一重复动作。"尤尼梅特"的应用虽然是简单的重复操作，但展示了工业机械化的美好前景，也为工业机器人的蓬勃发展拉开了序幕。自此，在工业生产领域，很多繁重、重复或毫无意义的流程性作业可以由工业机器人来代替人类完成。

20 世纪 60 年代，工业机器人发展迎来黎明期，机器人的简单功能得到了进一步的发展。机器人传感器的应用提高了机器人的可操作性，包括恩斯特采用的触觉传感器；托莫维奇和博尼开发的、世界上最早出现的"灵巧手"上用到了压力传感器；麦卡锡对机器人进行改进，加入视觉传感系统，并帮助麻省理工学院推出了世界上第一个带有视觉传感器并能识别和定位积木的机器人系统。此外，利用声呐系统、光电管等技术，工业机器人可以通过环境识别来校正自己的准确位置。

自 20 世纪 60 年代中期开始，美国麻省理工学院、斯坦福大学、英国爱丁堡大学等陆续成立了机器人实验室。美国兴起研究第二代带传感器的、"有感觉"的机器人，并向人工智能进发。

20 世纪 70 年代，随着计算机和人工智能技术的发展，机器人进入实用化时代。例如：日立公司推出的具有触觉、压力传感器，7 轴交流电动机驱动的机器人；美国 Milacron 公司推出的世界第一台小型计算机控制的机器人，由电液伺服驱动，可跟踪移动物体，用于装配和多功能作业；日本山梨大学发明的 SCARA 平面关节型机器人可用于装配作业。

20 世纪 70 年代末，由美国 Unimation 公司推出的 PUMA 系列机器人，为多关节、多 CPU，二级计算机控制，全电动，有专用 VAL 语言和视觉、力觉传感器，这标志着工业机器人技术已经完全成熟。PUMA 至今仍然工作在工厂第一线。

20 世纪 80 年代，机器人进入了普及期，随着制造业的发展，工业机器人在发达国家走向普及，并向高速、高精度、轻量化、成套系列化和智能化方向发展，以满足多品种、少批量的需要。

到了 20 世纪 90 年代，随着计算机技术、智能技术的进步和发展，第二代具有一定感觉功能的机器人已经实用化并开始推广，具有视觉、触觉、高灵巧手指、能行走的第三代智能机器人相继出现并开始走向应用。

2020年，中国机器人产业营业收入首次突破1 000亿元。"十三五"期间，工业机器人产量从7.2万套增长到21.2万套，年均增长31%。从技术和产品上来看，精密减速器、高性能伺服驱动系统、智能控制器、智能一体化关节等关键技术和部件加快突破，创新成果不断涌现，整机性能大幅提升，功能愈加丰富，产品质量日益优化，行业应用也在深入拓展。例如，工业机器人已在汽车、电子、冶金、轻工、石化、医药等52个行业大类、143个行业中类得到广泛应用。

2022年，嘉腾机器人推出国内首台差速20吨AGV驱动单元，该驱动单元采用差速重载动力模组及控制策略，增强了产品的实用性和耐用性。据悉，重载AGV可用于航天、高压容器、大型基建工程、模块化建筑工程等行业。

6.4.2 组成与结构

一般来说，工业机器人由三大部分、六个子系统组成。三大部分是机械部分、传感部分和控制部分；六个子系统分别为机械结构系统、驱动系统、感知系统、机器人-环境交互系统、人机交互系统和控制系统。

1. 机械结构系统

从机械结构来看，工业机器人总体上可分为串联机器人和并联机器人。串联机器人的特点是一个轴的运动会改变另一个轴的坐标原点；并联机器人的特点是一个轴的运动不会改变另一个轴的坐标原点。早期的工业机器人采用串联机构。并联机构定义为动平台和定平台通过至少两个独立的运动链相连接，机构具有两个或两个以上自由度，且以并联方式驱动的一种闭环机构。并联机构有两个构成部分，分别是手腕和手臂。手臂活动区域对活动空间有很大的影响；手腕是工具和主体的连接部分。与串联机器人相比较，并联机器人具有刚度大、结构稳定、承载能力大、微动精度高、运动负荷小的优点。在位置求解上，串联机器人的正解容易，但反解十分困难；而并联机器人相反，其正解困难，反解却非常容易。

2. 驱动系统

驱动系统是向机械结构系统提供动力的装置。根据动力源不同，驱动系统的传动方式可分为液压式、气压式、电气式和机械式。早期的工业机器人采用液压驱动。由于液压系统存在泄漏、噪声和低速不稳定等问题，并且功率单元笨重和价高，目前只有大型重载机器人、并联加工机器人和一些特殊应用场合使用液压驱动的工业机器人。气压驱动具有速度快、系统结构简单、维修方便、价格低等优点；但是气压装置的工作压强低，不易精确定位，一般仅用于工业机器人末端执行器的驱动。气动手爪、旋转气缸和气动吸盘作为末端执行器可用于中、小负荷的工件抓取和装配。电力驱动是目前使用最多的一种驱动方式，其特点是电源取用方便，响应快，驱动力大，信号检测、传递、处理方便，并可以采用多种灵活的控制方式，驱动电动机一般采用步进电动机或伺服电动机，目前也有采用直接驱动电动机的，但是造价较高，控制也较为复杂，与电动机相配的减速器一般采用谐波减速器、摆线针轮减速器或行星齿轮减速器。由于并联机器人中有大量的直线驱动需求，直线电动机在并联机器人领域已经得到了广泛应用。

3. 感知系统

机器人感知系统将机器人各种内部状态信息和环境信息从信号转变为机器人自身或机器人之间能够理解和应用的数据与信息，除了需要感知与自身工作状态相关的机械量，如位移、速度和力等，视觉感知技术是工业机器人感知的一个重要方面。视觉伺服系统将视觉信息作为反馈信号，用于控制调整机器人的位置和姿态。机器视觉系统还在质量检测、识别工件、食品分拣、包装的各个方面得到了广泛应用。感知系统由内部传感器模块和外部传感器模块组成。智能传感器的使用提高了机器人的机动性、适应性和智能化水平。

4. 机器人-环境交互系统

机器人-环境交互系统是实现机器人与外部环境中的设备相互联系和协调的系统。机器人与外部设备集成为一个功能单元，如加工制造单元、焊接单元、装配单元等。当然也可以是多台机器人集成为一个执行复杂任务的功能单元。

5. 人机交互系统

人机交互系统是人与机器人进行联系和参与机器人控制的装置，如计算机的标准终端、指令控制台、信息显示板、危险信号报警器等。

6. 控制系统

控制系统的任务是根据机器人的作业指令及从传感器反馈回来的信号，支配机器人的执行机构完成规定的运动和功能。如果机器人不具备信息反馈特征，则为开环控制系统；具备信息反馈特征，则为闭环控制系统。根据控制原理可分为程序控制系统、适应性控制系统和人工智能控制系统；根据控制运动的形式可分为点位控制和连续轨迹控制。

6.4.3 国外工业机器人的四大企业

工业机器人是广泛用于工业领域的多关节机械手或多自由度的机器装置，具有一定的自动性，可依靠自身的动力能源和控制能力实现各种工业加工制造功能。工业机器人被广泛应用于电子、物流、化工等各个工业领域之中。在工业机器人市场中，有四个企业被誉为"四大家族"，它们分别是 ABB、FANUC（发那科）、KUKA（库卡）和 YASKAWA（安川）。

1. ABB

ABB 是全球领先的机器人与机械自动化供应商之一，总部位于瑞士苏黎世，专注于提供机器人、自主移动机器人和机械自动化解决方案等全套产品组合，通过 ABB 自主软件设计与集成，为用户创造更高的价值。ABB 致力于研发、生产机器人已有 30 多年的历史并且拥有全球 160 000 多套机器人的安装经验。作为工业机器人的先行者及世界领先的机器人制造厂商，在瑞典、挪威和中国等地设有机器人研发、制造和销售基地。ABB 于 1974 年发明了世界上第一台工业机器人，并拥有当今最多种类、最全面的机器人产品、技术和服务，以及最大的机器人装机量。ABB 的领先不仅体现在其所占有的市场份额和规模，还包括其在行业中敏锐的前瞻眼光。

2. 发那科

发那科（FANUC）是一家全球性的工业机器人和自动化设备制造商，总部位于日本。FANUC 机器人广泛应用于汽车、电子、食品、制药等行业，是世界主要机器人厂商之一。FANUC在1962年开始工业机器人的相关业务，当时推出了世界上第一款商业化工业机器人UNIMATE。FANUC机器人采用领先的控制和驱动技术，拥有高精度、高速度、高重复性和高可靠性等优良特性，在各类工业应用中都可以发挥出色的表现，可适用于各种应用场景，如装配、加工、物流、喷涂、包装等领域，可以灵活满足客户的需求。

3. 库卡

库卡（KUKA）公司在1898年建立于德国巴伐利亚州的奥格斯堡，是世界领先的工业机器人制造商之一，与其他三大家族不同，得益于德国汽车工业的发展，库卡由焊接设备起家，因此缺乏运动控制的积累。目前，库卡有机器人、系统集成和瑞仕格（主要涉及医疗和仓储领域自动化的集成）三大业务板块。1973年公司研发了名为FAMULUS的第一台工业机器人。库卡专注于向工业生产过程提供先进的自动化解决方案。公司主要客户来自汽车制造领域，但在其他工业领域的运用也越来越广泛。据计算，库卡是四大家族中成立最早的一位，但是能力是最弱的。库卡的优势在于对本体结构和易用性的创新，系统集成业务占比最高，并且操作简单。但是，因为核心技术有所欠缺，所以其产品很难跟上市场的变化。

4. 安川

YASKAWA（安川）建立于1915年，是日本最大的工业机器人公司。拥有焊接、装配、喷涂、搬运等各种各样的自动化机器人。安川电动机是运动控制领域专业的生产厂商，是日本第一个做伺服电动机的公司，其产品以稳定快速著称，性价比高，是全球销售量最大、使用行业最多的伺服电动机品牌。安川以伺服电动机起家，因此它可以把电动机的惯量做到最大化，所以安川机器人的最大特点就是负载大、稳定性高，在满负载、满速度运行的过程中不会报警，甚至能够过载运行。因此，安川在重负载的机器人应用领域，如汽车行业，市场是相对较大的。

虽然总体技术方案与发那科相似，但是其产品特点与后者"相反"。安川机器人稳定性好，负载大，满负载运行也不会报警。但是精度方面与发那科相比有所欠缺，并且在四大家族中，安川机器人的综合售价是最低的。

综上所述，机器人"四大家族"最初是从事机器人产业链相关的业务，最终它们成了全球领先综合型工业自动化企业，它们的共同特点是掌握了机器人本体和机器人某种核心零部件的技术，最终实现一体化发展。它们不仅在技术创新方面取得了显著成就，还在产品质量、性能和应用领域上不断提高。

6.4.4 国内工业机器人企业

自2000年起国内工业机器人奋起直追，发展有了很大的变化，目前在很多企业也能看到中国国产的工业机器人。以下为主要的国内工业机器人企业。

1. 新松

沈阳新松机器人自动化股份有限公司（简称新松）成立于2000年，隶属中国科学院，是一家以机器人技术为核心的高科技上市公司。作为国家机器人产业化基地，新松拥有完整的机器人产品线及工业4.0整体解决方案。新松本部位于沈阳，在上海设有国际总部，在沈阳、上海、杭州、青岛、天津、无锡、潍坊建有产业园区，在济南设有山东新松工业软件研究院股份有限公司。同时，新松积极布局国际市场，在韩国、新加坡、泰国、德国等国家和地区设立多家控股子公司及海外区域中心，形成以自主核心技术、核心零部件、核心产品及行业系统解决方案为一体的全产业价值链。

2. 埃斯顿

南京埃斯顿自动化股份有限公司（简称埃斯顿）在 1993 年于南京成立，现拥有一支高水平的专业研发团队，具有与世界工业机器人技术同步发展的技术优势。作为中国最早自主研发交流伺服系统的公司，埃斯顿的工业自动化系列产品线包括全系列交流伺服系统、变频器、PLC、触摸屏、视觉产品和运动控制系统，以及以 Trio 控制系统为核心的运动控制和机器人一体化的智能单元产品，为客户提供单轴—单机—单元的个性自动化解决方案。

3. 埃夫特

安徽埃夫特智能装备股份有限公司（简称埃夫特）是一家专门从事工业机器人、大型物流储运设备及非标生产设备设计和制造的高新技术企业，是中国工业机器人行业第一梯队企业，能为客户和合作伙伴提供工业机器人及跨行业智能制造解决方案。通过引进和吸收全球工业自动化领域的先进技术与经验，埃夫特已经形成从机器人核心零部件到机器人整机再到机器人高端系统集成领域的全产业链协同发展格局。

4. 华数

武汉华中数控股份有限公司（简称华数）创立于 1994 年，是华中科技大学的校办企业。早期主要做数控机床，具有上层资源的绝对优势。作为一个校办企业，是高精尖的典型，同时数控机床和自动化教学均需要实际操作，华数的早期客户是我国国内的一批学校。但非标准化和不通用给华数的市场增加了很大的阻力。目前，华数依然依托着早起的江山在新的领域——机器人领域打拼。

5. 广州数控

广州数控设备有限公司（简称广州数控）成立于 1991 年，2000 年改制转型为民营企业。历经 30 年的拼搏与努力，公司由 20 多人的集体所有制企业发展为集科、教、工、贸于一体的高新技术企业，被誉为"中国南方的数控产业基地"。广州数控组建了规模化、专业化的研发队伍，定位从事机床数控技术、工业机器人技术等研究。此外，借助产学研用结合的研发模式，通过技术委托开发和成立联合研发中心，引入多位科研教授、硕士研究生、博士研究生等研究人员共同参与核心技术开发，实现了技术人才资源的有机整合。

6. 新时达

上海新时达机器人有限公司（简称新时达）是拥有工业机器人核心技术的高科技企业，是国家级技术创新企业新时达的全资子公司，致力于成为高品质机器人提供商。新时达实施"对标进口、取代进口"的市场战略，确立了对标国际领先品牌进行产品研发的高标准，建立了学科结构完善的高素质研发团队，完整掌握了机器人控制系统、伺服系统和软件系统关键技术，具备定制化开发能力，为机器人在更广泛的市场应用奠定了技术基础。在制造技术革新方面，新时达投运了年产 10 000 台的国际领先的机器人制造工厂，提升了交付能力，确保了产品质量稳定。

7. 配天机器人

配天机器人技术有限公司（简称配天机器人）是一家专注于工业机器人、核心零部件及行业自动化解决方案的提供商。公司工业机器人产品负载范围涵盖 3～280 kg，已在多个行业、领域成功应用。机器人核心零部件包括控制系统、伺服驱动、伺服电动机等全部自主研发，而且拥有强大的核心软件技术和算法。公司业务包括工业机器人本体及核心部件（伺服驱动、伺服电动机等）产品的生产、销售、维修服务、技术支持和培训，同时提供机器人控制系统解决方案、成套柔性制造设备及系统、机器人应用行业自动化解决方案。

8. 启帆

广州启帆工业机器人有限公司（简称启帆）成立于 2014 年 3 月，由国机智能科技有限公司（中国机械工业集团子公司）、华南理工大学与自然人共同出资组建，是一家专注于工业机器人本体的综合性高科技企业。启帆产品涵盖所有类型的工业机器人，其应用环境涵盖高温、高湿、无尘、防爆等苛刻场合，在特种及定制机器人领域也拥有丰富的工程经验与良好的市场业绩。公司集成业务领域包括钣金自动化、弧焊自动化、智能喷涂喷砂、铸造自动化与智能装卸车。公司在全国各地均设网点，从产品维护、产品升级等方面全力满足客户需求。

9. 时代科技

北京时代科技股份有限公司（简称时代科技）成立于 2001 年年初。它是由时代集团公司发起并联合清华紫光、联想集团、大恒集团、四通集团等公司共同创建的一个全新的股份公司，主要从事逆变焊机、大型焊接成套设备、专用焊机、数控切割机及弧焊机器人系统的开发、生产与销售。

10. 图灵智造

上海图灵智造机器人有限公司（简称图灵智造）成立于 2007 年，是由上海交通大学出资组建的高新技术企业，旗下拥有 1978 年创建的意大利 RRRobotica 子公司，研发了多款智能工业化图灵智造。图灵智造提供机器人本体和智能制造解决方案等技术服务。公司为全球各行业客户成功提供了超过 26 000 台机器人、超过 2 000 种的工业应用，满足了众多行业的不同需求。除已经广泛适配的传统工业场景，如汽车、3C、金属加工、包装物流等，图灵机器人还逐步进入一些新领域，包括医疗、半导体、新能源、光伏、锂电池、新零售等。

 6.5 **参观工厂并撰写 FMS 认识报告**

活动 1   参观工厂

做一做：
根据学校实际情况安排参观学校附近企业，理解现代化生产中的现状。
参观过程中主要了解企业生产布局及企业生产产品中应用的现代化技术。

活动 2   撰写 FMS 认识报告

做一做：
根据教学要求和本书学习，要求学生能够撰写 FMS 认识报告。

步骤1：通过中国知网、万方等学术网站查找关于 FMS 的介绍(中国知网：https：//www.cnki.net/；万方 https：//www.wanfangdata.com.cn/)。

步骤2：绘制思维导图，汇总学习心得。

步骤3：初步撰写 FMS 的认识提纲。

范例如下：

(1)FMS 的历史；

(2)对 FMS 相关内容的想法；

(3)FMS 的相关做法；

(4)结语。

步骤4：用自己学习的内容撰写相关论文。

步骤5：按照格式规划撰写 FMS 的论文。

附：论文撰写的一般格式要求，电子稿上交给指导教师。

一般论文的写作格式

一、论文内容

论文应包括目录、提纲(字数不少于500字)、内容提要、正文、引用参考文献资料目录5方面内容。

二、引用的中外文参考文献

对所引用的中外文参考文献资料，论文中必须注明引用教材(或著作、期刊等)的书名(或著作、期刊名)、作者、出版单位、时间。引用期刊的还必须注明文章名，引用其他参考教材的也应注明资料来源。涉外论文要附外文资料目录。

三、论文写作格式要求

1. 纸型及页边距

论文一律用国际标准 A4 型纸(297 mm×210 mm)打印。页面分图文区与白边区两部分，所有的文字、图形、其他符号只能出现在图文区内。白边区的尺寸(页边距)为天头(上)20 mm，地脚(下)20 mm，订口(左)20 mm，翻口(右)15 mm。

2. 版式与用字

文字、图形一律从左至右横写、横排。文字一律通栏编辑，使用规范的简化汉字。除非必要，不使用繁体字。忌用异体字、复合字及其他不规范的汉字。

3. 论文各部分的编排式样及字体字号

中文内容提要及关键词：排在第一页，标题3号黑体，顶部居中，上下各空一行；内容用5号宋体，每段起首空两格，回行顶格。"关键词"三个字用4号黑体，内容用5号黑体；关键词通常不超过7个，词间空一格。

目录：另起页，项目名称用3号黑体，顶部居中；内容用小4号仿宋。

正文文字：另起页，论文标题用3号黑体，顶部居中排列，上下各空一行；正文文字一般用5号宋体，每段起首空两格，回行顶格，单倍行距。

正文文中标题：

一级标题，标题序号为"一、"，4号黑体，独占行，末尾不加标点；

二级标题，标题序号为"(一)"，与正文字体字号相同，独占行，末尾不加标点；

195

三级及以下标题，三、四、五级标题序号分别为"1.""(1)"和"①"，与正文字体字号相同，可根据标题的长短确定是否独占行。若独占行，则末尾不使用标点，否则，标题后必须加句号。每级标题的下一级标题应各自连续编号。

注释：正文中加注之处右上角加数码，形式为"①"或"(1)"，同时在本页留出适当行数，用横线与正文分开，空两格后写出相应的注号，再写注文。注号以页为单位排序，每个注文各占一段，用小5号宋体。引用著作时，注文的顺序为作者、书名、出版单位、出版时间、页码，中间用逗号分隔；引用文章时，注文的顺序为作者、文章标题、刊物名、期数，中间用逗号分隔。

附录：项目名称为4号黑体，在正文后空两行顶格排印，内容编排参考正文。

参考文献：项目名称用4号黑体，在正文或附录后空两行顶格排印，另起行空两格用5号宋体排印参考文献内容，具体编排方式同注释。

4. 表格

正文或附录中的表格一般包括表头和表体两部分。编排的基本要求如下所述。

(1)表头：表头包括表号、标题和计量单位，用小5号黑体，在表体上方与表格线等宽度编排。其中，表号居左，格式为"表1"，全文表格连续编号；标题居中，格式为"××表"；计量单位居右，参考格式为"计量单位：元"。

(2)表体：表体的上下端线一律使用粗实线(1.5磅)，其余表线用细实线(0.5磅)，表的左右两端不应封口(即没有左右边线)。表中数码文字一律使用小5号字。表格中的文字要注意上下居中与对齐，数码位数应对齐。

5. 图

图的插入方式为上下环绕，左右居中。文章中的图应统一编号并加图名，格式为"图1 ××图"，用小5号黑体在图的下方居中编排。

6. 公式

文中的公式应居中编排，有编号的公式略靠左排，公式编号排在右侧，编号形式为"(1)"，公式下面有说明时，应顶格书写。较长的公式可转行编排，在加、减、乘、除号或等号处换行，这些符号应出现在行首。公式的编排应使用公式编辑器。

7. 数字

文中的数字，除部分结构层次序数词、词组、惯用词、缩略语、在具有修辞色彩语句中作为词素的数字、模糊数字必须使用汉字外，其他应使用阿拉伯数字。同一文中，数字的表示方法应前后一致。

8. 标点符号

文中的标点符号应正确使用，忌误用、混用，中英文标点符号应区分开。

9. 计量单位

除特殊需要，论文中的计量单位应使用法定计量单位。

10. 页码

全文排印连续页码，单面印时页码位于右下角；双面印时，单页页码位于右下角，双页页码位于左下角。

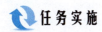 **任务实施**

任务工单

姓名		班级		日期	

任务描述：

1. 参观学校教学工厂或云参观赛力斯汽车有限公司，通过参观描述和了解现代化企业的布局和现代化技术。

2. 通过万方、知网等常见的学术网站了解柔性制造系统的认识报告，撰写一篇1 000字左右的论文，并按照要求进行排版。

任务分组：

任务计划：

任务实施：

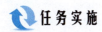 **任务评价**

项目	内容	配分	评分要求	得分
认识柔性制造系统	知识目标 （40分）	20	能描述基本的柔性制造系统的参观感受（能，20分；基本达到要求，12分；未达到要求，8分）	
		20	能知道如何进行搜索知网、万方等学术网站（能，20分；基本达到要求，12分；未达到要求，8分）	
	技能目标 （45分）	10	撰写完整的论文，并能够规范论文格式要求（每错一处扣2分）	
		10	能通过网络积极搜索学术方面相关知识，能较好地描述柔性制造系统的概念和认识（每错1处扣2分）	
		25	积极撰写参观实习报告，能对相关公司和场地进行简单的介绍，并能口述表达（能，20分；基本达到要求，12分；未达到要求，8分）	
	职业素养、职业规范与安全操作 （15分）	5	未按时上交，扣5分	
		10	未按照要求使用相关平台进行搜索和总结，扣10分	
总分				

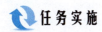 **思考与练习**

1. 通过查阅书籍，简述近年来中国制造2025计划发展的主要工程。

2. 简述我国工业机器人发展史。

3. 简述物流系统的输送装置的要求。

4. 3D打印技术和4D打印技术有哪些区别？

5. 工业机器人的发展有哪些？

参 考 文 献

[1] 陈吉红，杨克冲 . 数控机床实验指南[M]. 武汉：华中科技大学出版社，2003.

[2] 杨克冲，陈吉红，郑小年 . 数控机床电气控制[M]. 武汉：华中科技大学出版社，2005.

[3] 张宝林 . 数控技术[M]. 北京：机械工业出版社，1997.

[4] 刘又午 . 数字控制机床[M]. 北京：机械工业出版社，1997.

[5] 任玉田 . 机床计算机数控技术[M]. 北京：北京理工大学出版社，1996.

[6] 吴祖育 . 数控机床[M]. 上海：上海科学技术出版社，2000.